全国专业技术人员新职业培训教程

区块链工程技术人员

区块链技术基础知识

人力资源社会保障部专业技术人员管理司　组织编写

U0321113

中国人事出版社

图书在版编目(CIP)数据

区块链工程技术人员. 区块链技术基础知识／人力资源社会保障部专业技术人员管理司组织编写. --北京：中国人事出版社，2021

全国专业技术人员新职业培训教程

ISBN 978 - 7 - 5129 - 1686 - 9

Ⅰ.①区… Ⅱ.①人… Ⅲ.①区块链技术 – 职业培训 – 教材 Ⅳ.①TP311.135.9

中国版本图书馆 CIP 数据核字(2021)第 219988 号

中国人事出版社出版发行

(北京市惠新东街 1 号 邮政编码：100029)

*

三河市潮河印业有限公司印刷装订 新华书店经销

787 毫米×1092 毫米 16 开本 15.25 印张 228 千字

2021 年 11 月第 1 版 2021 年 11 月第 1 次印刷

定价：49.00 元

读者服务部电话：(010) 64929211/84209101/64921644

营销中心电话：(010) 64962347

出版社网址：http://www.class.com.cn

本书编委会

指导委员会

邬贺铨　房建成　李伯虎　黄庆学　姚　前　陈　英

编审委员会

主　　编：柴洪峰　马小峰

编写人员：徐秋亮　裴庆祺　黄建华　王海涛　王　娟　杨晓春

　　　　　刘　胜　王振华

主审人员：张宏图　吕智慧　李文正　郑　红　梁贺君

出版说明

　　当今世界正经历百年未有之大变局，我国正处于实现中华民族伟大复兴关键时期。在全球经济低迷，我国加快形成以国内大循环为主体、国内国际双循环相互促进的新发展格局背景下，数字经济发挥着提振经济的重要作用。党的十九届五中全会提出，要发展战略性新兴产业，推动互联网、大数据、人工智能等同各产业深度融合，推动先进制造业集群发展，构建一批各具特色、优势互补、结构合理的战略性新兴产业增长引擎。"十四五"期间，数字经济将继续快速发展、全面发力，成为我国推动高质量发展的核心动力。

　　近年来，人工智能、物联网、大数据、云计算、数字化管理、智能制造、工业互联网、虚拟现实、区块链、集成电路等数字技术领域新职业不断涌现，这些新职业从业人员通过不断学习与探索，将推动科技创新、释放巨大能量，推动人们生产生活方式智能化、智慧化、数字化，推动传统产业转型升级，为经济高质量发展注入强劲活力。我国在技术、消费与应用领域具备数字经济创新领先优势，但还存在数字技术人才供给缺口较大、关键核心技术领域自主创新能力不足、数字经济与实体经济融合的深度和广度不够等问题。发展数字经济，推进数字产业化和产业数字化，推动数字经济和实体经济深度融合，急需培育壮大数字技术工程师队伍。

　　人力资源社会保障部会同有关行业主管部门将陆续制定颁布数字技术领域国家职业技术技能标准，坚持以职业活动为导向、以专业能力为核心，遵循人才成长规律，对从业人员的理论知识和专业能力提出综合性引导性培养标准，为加快培育数字技术人才提供基本依据。根据《人力资源社会保障部办公厅关于加强新职业培训工作的通知》（人社厅发〔2021〕28号）要求，为提高新职业培训的针对性、有效性，进一步发挥新职业培训促进更好就业的作用，人力资源社会保障部专业技术人员管理司组织相关领域的专家学者编写了全国专业技术人员新职业培训教程，供相关领域开展新职业培训使用。

本系列教程依据相应国家职业技术技能标准和培训大纲编写，划分初级、中级、高级三个等级，有的职业划分若干职业方向。教程紧贴数字技术人员职业活动特点，定位于全国平均先进水平，且是相关数字技术人员经过继续教育或岗位实践能够达到的水平，突出该职业领域的核心理论知识、主流技术及未来发展要求，为教学活动和培训考核提供规范和引导，将帮助广大有意或正在从事数字技术职业人员改善知识结构、掌握数字技术、提升创新能力。

希望本系列教程的出版，能够在加强数字技术人才队伍建设、推动数字经济快速发展中发挥支持作用。

目 录 ●●●

第一章
区块链基础知识

　　区块链是一项通用前沿技术，在数字经济时代起到数据组织平台的作用，成为数据组织、机构协同的基础设施。区块链通过数据的有序记录，基于协同机制的机器传递信任，可以有效降低交易成本、提升群体协作能力。区块链是典型的跨领域、多学科交叉的新兴技术，通过集成创新，实现了数据不可篡改、数据集体维护、多中心决策等功能，可以构建出公开、透明、可追溯、不可篡改的价值信任传递链，从而赋能金融服务、产业升级、社会治理等方面的创新。

　　本章介绍了区块链技术诞生的背景、基本原理和概念、技术演进过程、主要技术类型、体系结构和对社会经济的价值。通过本章的学习，可以了解到区块链不仅是技术上的集成创新，同时也是一种思维模式的创新，有望成为数字社会中的重要基础设施。

第一节　背景

考核知识点及能力要求：

• 了解区块链的背景知识；

• 了解区块链的发展趋势和现状。

20 世纪 80 年代，互联网的诞生创造了全新的数字商业时代，科技颠覆性地降低了信息流动、交换和搜索的成本，催生出全新的组织模式和商业模式，互联网创新应用层出不穷。过去几十年，作为信息基础设施，互联网通过高效的信息交换，给我们的生活、工作和商业活动带来了极大便利。网络活动规模之大、应用之多，远超最初的设计想象；然而一些问题也随之出现，如数据泄露、网络诈骗、虚假和垃圾信息泛滥等，给互联网服务的使用者带来很大困扰。据统计，每年全球网络安全事件导致的损失高达数千亿美元。

随着依赖互联网的商业活动日益增多，克服信息互联网信任机制的需求越来越迫切，区块链技术恰好满足了人们对数据可信、安全交换的需求。而基于区块链技术构建的可以传递价值的"价值互联网"，也成为社会发展的必然。

2008 年 9 月，美国次贷危机引发的全球金融危机波及多个地区和国家，导致大量大型金融机构倒闭，造成世界经济的重大损失，与此同时，一项看似不相关的数字货币发明，引起了世界范围的广泛关注。2008 年 10 月 31 日，化名为中本聪（Satoshi Nakamoto）的研究人员提出了基于密码学的"比特币"（Bitcoin），解决了长期困扰数字加密货币的三大难题：重复支付问题、中心化问题与发行量控制问题。他指出，我们非常需要这样一种电子支付系统，它基于密码学原理而不是基于人与人之间的信用，使得任何达成一致的双方，能够直接进行支付，从而不需要第三方中介。

由于其突破性的创新和巨大的应用潜力，区块链技术被认为是继个人计算机、互联网、社交网络、智能手机之后，人类的第五次计算革命，如果说互联网让人类进入了信息自由传递时代，区块链则将把我们带入价值自由交换时代。

区块链属典型的跨领域、多学科交叉的新兴技术。区块链系统由数据层、网络层、共识层、合约层、应用层及激励机制组成，涉及复杂网络、分布式数据管理、高性能计算、密码算法、共识机制、智能合约等众多自然科学技术领域及经济学、管理学、社会学、法学等众多社会科学领域的集成创新。区块链通过集成创新，实现了数据不可篡改、数据集体维护、多中心决策等，可以构建公开、透明、可追溯、不可篡改的价值信任传递链，从而为金融服务、产业升级、社会治理等方面的创新提供了可能。

区块链不仅是技术上的重大集成创新，更是一种思维模式的创新，区块链可以使数据变成一种由市场动态配置、各方协同合作、价值合理体现的新资源，引发产业生态的优化重构。从技术角度看，区块链包含了多种技术手段，是未来数字基础设施的重要组成部分。从业务视角看，区块链将会优化多机构间交互流程和接口、保证数据真实性和系统鲁棒性。从社会视角看，区块链将有力推动社会治理的数字化、智能化、精细化、法治化水平，重塑社会信任体系。

2019 年 10 月 24 日，中共中央政治局第十八次集体学习会议上，习近平总书记指出，区块链技术的集成应用在新的技术革新和产业变革中起着重要作用。我们要把区块链作为核心技术自主创新的重要突破口，明确主攻方向，加大投入力度，着力攻克一批关键核心技术，加快推动区块链技术和产业创新发展。要强化基础研究，提升原始创新能力，努力让我国在区块链这个新兴领域走在理论最前沿、占据创新制高点、取得产业新优势。2020 年 4 月，国家发改委首次明确了新型基础设施的概念和范围。新型基础设施是以新发展理念为引领，以技术创新为驱动，以信息网络为基础，面向高质量发展需要，提供数字转型、智能升级、融合创新等服务的基础设施体系。其中区块链作为信息基础设施的代表，被明确纳入新型基础设施范畴内。

我国区块链产业与应用的发展将迎来快速发展时期。"十四五"规划纲要将"加快数字发展建设数字中国"作为独立篇章，指出要进一步明确发展云计算、大数据、物联网、工业互联网、区块链、人工智能、虚拟现实和增强现实等七大数字经济重点产业，2025 年数字经济核心产业增加值占国内生产总值比重达到 10%。在区块链产业具体内容上，"十四五"规划纲要指出"推动智能合约、共识算法、加密算法、分布式系统等区块链技术创新，以联盟链为重点发展区块链服务平台和金融科技、供应链管理、政务服务等领域应用方案，完善监管机制。"

第二节　基本知识

考核知识点及能力要求：

• 了解区块链的基本知识和主要特点。

一、区块链的定义

按照国际标准化组织的定义，区块链是"采用密码学手段保障的、只可追加的、通过区块链式结构组织的分布式账本结构"。

从技术角度看，区块链利用链式数据结构来验证与存储数据、利用分布式节点共识算法来生成和添加数据、利用密码学的方式保证数据传输和访问安全、利用自动化脚本代码组成的智能合约来编程和操作数据，是一种全新的分布式架构与计算范式。

广义而言，区块链通过密码学技术和可信规则，构建不可伪造、难以篡改和可追溯的块链式数据结构，能够可靠地记录、追溯交易历史。区块链核心价值在于：①通过技术手段实现了多个参与方能在统一规则下自发实现高效协作；②通过代码、协议、规则为分布式网络提供了信用基础。

二、区块链核心技术

区块链使得多个参与方能在分布式场景下交易和记录信息，也被称为分布式账本（Distributed Ledger）。网络成员之间互不依赖，独立进行交易和访问账本，账本数据一经共识则无法被篡改。账本数据的完备性、安全性和可信性等特点依赖于密码学、分布式数据存储、点对点传输、共识机制等技术。为便于理解，这里以比特币为例对相关概念进行简要描述。

哈希（Hash）函数：区块链中使用的哈希函数，也可以称为密码学哈希函数，它将任意长消息变换为固定长度，并满足一定的安全特性，利用这些安全特性可将消息锁定，使其不可篡改。可以把哈希函数简单理解为提取数据的"指纹"（摘要），特别的，哈希函数将"区块"链接起来形成"区块链"，它是构建区块链的一个关键工具。

梅克尔树（Merkle Trees）：又称哈希树，是一种将数据利用哈希函数进行组织形成的树结构，可以对数据的真实性进行快速验证，比特币网络中用叶子节点存储交易数据的哈希值，根节点代表整个交易的"指纹"，如图 1-1 所示。

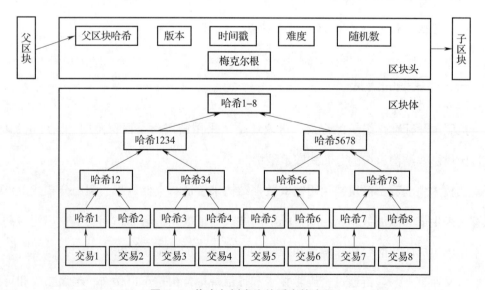

图 1-1　梅克尔树在比特币中的应用

"区块"和"链"："区块"表示一个数据块，相当于账本中的一页，每页由区块体和区块头两部分组成。区块体包括当前区块的交易数量以及经过验证的、区块创建过程中生成的所有交易记录；区块头记录本区块的关键特征信息。通过哈希函数计算"区块头"的内容，生成区块的"指纹"（可理解为基因）指向下个区块，把分散在网络世界的"页"按先后顺序"链"起来，就像给账本加上了"页码"，从而形成完整的"账本"——区块链。这一账本由所有参与的节点共同维护和管理。

交易：一笔交易包括交易信息和数字签名信息。交易信息一般包含交易发起时间、付款账号地址和收款账号地址、交易金额等，根据不同的应用场景可以设定不同的内容；数字签名是交易付款人用私钥对交易签名，证明转出的是自己的资产。

数字签名：数字签名基于非对称密码，保证消息来源的真实性。例如，在一笔转账交易中，通过数字签名可以验证交易的完整性和可信性。

三、区块链的主要特点

区块链技术最显著的特点在于能够实现安全、可靠的分布式协同计算，主要特点可以总结为以下六点：去中心化、可追溯防篡改、隐私性、可信性、自治性和可靠性。

1. 去中心化

区块链的去中心化指的是在区块链网络中不存在中心化节点，各节点高度自治，具有相等的权利和地位。传统中心化系统便于管理，但是一旦发生故障就容易崩溃，去中心化系统由于其分布式运行的特性而具有高度容错和抗攻击的优点。区块链的去中心化技术特性，可以让交易双方在没有中介机构参与的情况下，完成双方互信转账，即对第三方机构的信任转化为对机器代码的信任。

2. 可追溯防篡改

区块链的防篡改主要由两种机制来保障：①采用梅克尔树的形式来进行交易数据的记录，若梅克尔树中的某个数据发生改变，则对应的梅克尔树的根哈希值也会发生改变，由此判定该区块产生了错误；②在每个区块中都包括上一个区块的哈希值，使得区块之间形成链接关系，如果在某一区块中更改了一条数据，则需要将链上该区块之后所有区块的交易记录和哈希值都进行重构。区块链独特的分布式数据存储方式决定，如果要修改一条数据，必须将大部分节点对应的数据都进行更改，否则单个节点上的数据修改是无效和不被认可的，因此区块链具有很强的防篡改性。

区块链通过块链式结构进行数据存储，在每个区块中记录有前一个区块的哈希值，能够借此访问前一个区块，乃至整个区块链的起始块。通过这种方式，可以访问到区块链中的所有信息，做到对每一笔交易的追溯。

3. 隐私性

现实社会中，每个人都有保护隐私的权利，尤其在当下，互联网大数据所带来的个人信息被贩卖、滥用等问题，使得人们更为看重个人隐私，商业交易中很多账户和交易信息更是商业机构的重要资产和商业机密。除了通过密码学的技术对区块链进行加密之外，针对特定成员或用户的联盟链具有网络准入与节点授权的功能，可以实现信息的读写授权，对私密信息的访问和传输形成有力的安全保障，在信息开放共享的环境下增强信息传输对象的可控性。

4. 可信性

区块链创造了一种新型的信任机制，不需要用户之间达成信任，就可以完成交易的确认。而区块链将信任（中介或第三方）机构变成了信任机器，区块链一经创立，交易逻辑、共识算法等规则就已经确定，一旦交易发起，中间的确认步骤由事先设定好的规则完成，经过确认上链的数据就能够保证其可信度。此外，由于区块链具有防篡改、可追溯、代码公开透明等特性，能够得到用户的充分信任。用户可以容易地加入或退出区块链网络，可以通过公开的接口查询区块链数据记录或者开发相关应用，其高度开放性增加了用户的信赖。

5. 自治性

区块链的自治性指的是采用基于协商一致的规范和协议，使系统中的所有节点能够在去信任的环境下自由安全地交换、记录以及更新数据，不受人为干预影响，区块链上的多个参与方按照客户已商议好的算法和规则进行处理，并能对处理结果形成共识，以确保记录在区块链上的每一笔交易的准确性和真实性，这是实现以客户为中心的商业重构的重要一环。

6. 可靠性

可靠性主要体现在数据的完整性和数据的安全性保障上。前者是指通过"区块+链"的创新数据存储结构，将交易打包成区块，盖上时间戳，通过前一区块哈希值链接到前一区块的后面，前后顺序连接为一套完整的账本，且每个节点都存有一份相同的账本，保障了数据的完整性；而数据的安全性主要通过哈希函数和非对称加密算法等加以保障。非对称加密算法使用私钥控制数据访问权限，哈希算法则把任意长度的输入变换成固定长度的由字母和数字组成的输出，具有不可逆性，实现不可篡改。

区块链技术的上述六个特征支撑了上层业务的可控、可靠和安全。

第三节 区块链的演进

考核知识点及能力要求：

• 了解区块链的演进过程；

• 了解区块链 2.0 时代的典型特征。

区块链技术的发展经历了如下两个阶段。

一、区块链 1.0 时代

2009 年 1 月，比特币的正式上线标志着区块链进入 1.0 阶段，其最显著的作用就是为数字货币的产生、流通与交易提供了技术保障。

区块链技术支撑的数字货币是一种点对点价值传递技术，在无须借助可信第三方的网络空间内，实现了不可信参与者之间的可信价值传递，使得人们逐渐接受数字货币这一新事物，并尝试挖掘其背后的区块链技术在各种领域的应用。

二、区块链2.0时代

以太坊的问世意味着区块链进入2.0时代。区块链的技术架构在进一步地调整与改进，支持更加复杂的表达能力，逐渐涌现出了区块链技术平台，开始支持智能合约及去中心化应用DApp（Decentralized Application）的开发，使得区块链系统演变成一个去中心的计算平台。在智能合约技术的支撑下，区块链的应用开始从单一货币领域延伸到包括股票、清算、私募股权等其他金融领域，从可编程货币进阶至可编程金融。区块链2.0和区块链1.0相比，最大的优点在于允许在其底层技术平台的基础上进行应用开发。区块链2.0时代主要有以下几个典型特征。

1. 智能合约

区块链2.0的典型特征是具有智能合约功能。1994年，尼克·萨博（Nick Szabo）提出了"智能合约"（Smart Contract）的概念，即"一个智能合约是一套以数字形式定义的承诺（Commitment），包括合约参与方可以在上面执行这些承诺的协议"。由于无须第三方中介机构介入，智能合约部署的成本远小于现实社会中法律或商业合同的签署成本。

2. 分布式应用

分布式应用是指构建在智能合约之上不依赖中心化机构的应用程序。使用者调用应用，通过关联的智能合约执行指定的业务规则，从而使得区块链系统演变成一个分布式应用的引擎。分布式应用在设计和开发时不仅要考虑区块链技术的特性，还要充分了解所支持智能合约的情况，例如，以太坊区块链上支持基于Solidity或Serpent语言开发的智能合约。

3. 共识算法的多样性

区块链2.0中使用更多高性能、可扩展的共识算法，如权益证明（PoS）、授权权益证明（DPoS）、实用拜占庭容错算法（PBFT）等。这些算法在后续章节会详细介绍。

随着区块链理论和技术的不断研究与深入，基于区块链的应用也在逐渐成熟。面向复杂的企业应用场景，提供高性能、安全、可审计等服务的企业级区块链技术不断迭代发展。例如，目前基于跨链技术的应用，可以让多种区块链在同一个共识网络中相互调用，实现更大规模的可信交互。以智能合约、分布式应用为代表的区块链技术未来将广泛而深刻地改变人类的生产生活方式。

第四节　主要技术类型及应用

考核知识点及能力要求：

• 了解区块链的主要技术类型及应用。

区块链系统可以大致分为公有链、私有链和联盟链三类。其中公有链又称为开放区块链或无许可区块链，比特币是第一种，也是影响力最大的公有链系统。私有链和联盟链则统称为有许可区块链。这三类应用在系统特性、组织构架、参与主体和交易机制等方面都有很大的差异性。

一、公有链

最初，区块链就是以公有链的形式问世，其网络不属于任何个人或组织，开放度最高，无须授权或实名认证，任何人都可以访问，并且可以自由地加入或退出。比特币和以太坊是公有链的典型代表。链上的数据公开透明，参与者都有读、写权限，即每一位用户都能够查看全网的交易内容、发起自己的交易并且参与系统中每一笔交易的督查和记账共识。

公有链系统性能较低。例如，比特币网络每秒仅能处理 7 笔交易，不能满足高吞吐量业务场景的需求，应用受到了很大的限制。

二、私有链

私有链是在组织内部建立和使用的许可链，其读、写和记账权限严格按照组织内部的运行规则设定。

即便私有链是中心化的系统，但相比于传统的中心化数据库，它依然具备完备性、可追溯、不可篡改、防止内部作恶等优势。因此许多大型金融企业会在内部数据库管理、审计中使用私有链技术。此外，在政府行业的一些政府预算的使用，或者政府的行业统计数据通常采用私有链的部署模式，同时在由政府登记，但公众有权利监督的场景中也会使用。

由于私有链是中心化的，所有的节点都在可控范围内，不需要分布式共识机制，能够在一定程度上提高其效率。

三、联盟链

联盟链是由若干组织机构共识建立的许可链，联盟链的成员都可以参与交易，根据权限查询交易，但记账权（即写权限）通常由参与群体内选定的部分高性能节点按共识和记账规则轮流完成。

公有链对许多商业场景而言并不适用。不同行业之间、同一行业不同企业之间，往往涉及很多的业务往来，但各个企业又需要保留自己的机密数据，因此，无法将企业间的交易放在公有链上进行；同时，又需要对其进行一定的控制以满足业务需求。联盟链正是在这样的需求下诞生的。

联盟链本质上是一个多中心化的区块链系统，其开放程度介于公有链和私有链

之间，因此，联盟链上的数据可以选择性地对外开放，并且可以提供有限制的 API
接口以供操作，使得一些非核心用户也能够利用联盟链系统满足其需求。联盟链内
使用同样的账本，提高了商业交易、结算、清算等业务效率，在保证数据隐私的
前提下，满足交易信息与数据实时更新并共享到联盟中的所有用户，减少摩擦
成本。

联盟链上的交易只需要少量节点达成共识即可，且节点间信任度比公有链要高。
与公有链相比，其效率也有很大的提升。

第五节　体系结构

考核知识点及能力要求：

• 了解区块链的架构体系；

• 了解区块链体系结构中的各个部分的功能。

区块链技术已经经历了十余年的发展。从最初的数字货币，到后来的智能合约，
拓展了区块链的应用范围，再到如今区块链应用于供应链、司法、金融等多个领域，
区块链的体系结构也在不断演进，呈现出多样化。尽管存在不同的区块链，但它们在
体系结构上存在着诸多共性，可以大致概括为数据层、网络层、共识层、智能合约层、
应用层五个层次及激励机制六个部分，如图 1-2 所示。

正是上述六个部分共同作用于区块链中，区块链才能具备诸多优势，并逐步拓展
应用到各行各业。下面介绍区块链体系结构中的各个部分。

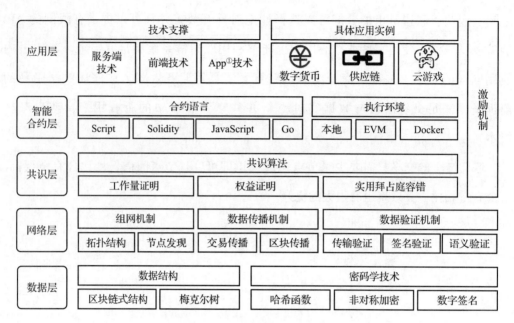

图1-2 区块链的体系结构

一、数据层

数据层主要定义区块链的数据结构，并借助密码学相关技术来确保数据安全。区块数据结构根据区块链的功能不同略有差异，但链式结构、梅克尔树作为比特币所采用的基本结构，一直被之后的区块链沿用，非对称加密、哈希函数等密码学技术也一直是区块链数据安全的根基。数据层作为区块链体系结构的最底层，实现数据存储和保障数据安全。

1. 数据存储

存储是数据层的重要功能，存储结构是其中关键问题。虽然不同的区块链系统采用的结构并不尽相同，但总体而言都有着类似的存储结构，即数据存储在用梅克尔树组织的区块中，区块以链式结构关联；因此区块链可以在大规模分布式部署情况下实现信息的不可篡改。

从宏观视角来看，区块链与经典的存储结构"链表"相似，同样是从头部开始一

---

① App，应用程序，Application 的缩写。

个接一个地延伸。不同之处在于，链表的单元保存了下一单元的地址，而区块链的区块则保存了前一区块的哈希值，如图 1-3 所示；每一个区块会保存父区块和叔区块的哈希值，类似于传统的树形结构。通过在区块中保存前一区块的哈希值，区块链确保了可审计性，借助哈希函数的安全性，节点只要存有一个区块，即可对该区块之前的区块的正确性进行验证，从而发现对区块链数据的篡改。

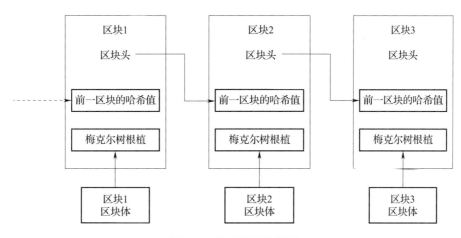

图 1-3　链式结构示意图

为了给区块链上层提供支撑，区块中还存在大量其他数据，因此区块又被分为区块头和区块体两个部分。在区块头中，通常记录以下 5 个方面的信息，如图 1-4 所示。

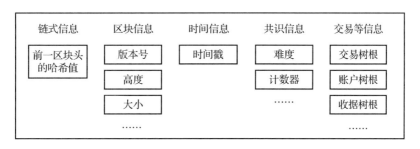

图 1-4　区块头信息示意图

（1）链式结构相关信息：主要是前一区块的哈希值，用于构成链式结构。将前一区块头的数据通过 SHA256 等哈希算法计算相应哈希值。当前区块头可通过该哈希值唯一识别出前一区块头。

（2）区块本身相关信息：区块的版本号、高度信息、大小信息等。

（3）时间相关信息：时间戳，记录区块产生的时间，用于验证系统的时序性。

（4）共识算法相关信息：如算法的难度、计数器、选举资格等。

（5）账户、交易相关信息：如全部交易组成的梅克尔树的树根值。

在区块体中，主要包含着具体的交易信息，交易结构根据智能合约层以及应用层所确定，区块链所承载的应用不同或是智能合约实现方式的不同都会影响到交易的具体结构。

多个区块链系统都使用了梅克尔树作为组织区块内所有交易的数据结构。梅克尔树是一种典型的二叉树结构，由一个根节点、一组中间节点和一组叶子节点组成。梅克尔树由拉尔夫·梅克尔在 1980 年最早提出，常用于文件系统和点对点（Peer-to-Peer，P2P）系统中。

梅克尔树原理并不复杂，其最底层的叶子节点存储原始数据的哈希值，而非叶子节点（中间节点和根节点）则存储它的子节点的内容合并后的哈希值。如果将梅克尔树推广到多叉树的情形，则非叶子节点的内容为它所有子节点内容合并后的哈希值。

2. 数据安全

数据安全主要是指恶意用户无法破坏正常的交易活动，且用户在发起交易后无法抵赖。区块链系统中所有的状态转移都是通过交易实现的，交易是区块链系统的基本操作。这里的"交易"并不简单指将数字货币从一个地址转账到另一个地址，而是泛指对链上数据状态的变更。数据安全一般由非对称加密算法和哈希算法保证。

非对称加密算法需要两个密钥：公开密钥（Public Key，简称公钥）和私有密钥（Private Key，简称私钥）。公钥与私钥是一个密钥对，用公钥对数据加密，用对应的私钥才能解密；用私钥对数据签名，用对应的公钥才能验证。因为加密和解密使用的是两个不同的密钥，所以这种算法称为非对称加密算法。

哈希算法可以将任意长度的二进制原文串映射为较短的（通常是固定长度的）二进制串，也就是哈希值。一个安全的哈希算法需要满足以下特性：

（1）正向快速：给定原文和哈希算法，在有限的资源和时间限制下能计算得到哈希值。

（2）逆向困难：给定一个哈希值，在有限时间内无法逆推出原文。

（3）输入敏感：原始输入信息发生任何改变，即使只有 1 比特，新产生的哈希值都应该发生很大变化。

（4）碰撞避免：很难找到两段内容不同的原文，使得它们的哈希值一致，称为发生碰撞。

基于比特币系统中两个主要的哈希算法 RIPEMD160 和 SHA256 目前的安全性可以得出结论：从私钥到公钥，以及从公钥到地址的生成都是单向的，从地址不能生成公钥，从公钥也不能生成私钥，这样保证了用户的隐私信息不受到侵犯，图 1-5 形象地描述了整个过程和这一结论。

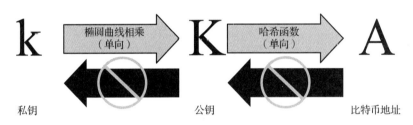

图 1-5　公/私钥与账户地址

同样地，区块中的哈希值和梅克尔树中的哈希值也都是由安全的哈希算法计算得到的。其碰撞避免的特性使得哈希值确实可以用来唯一地标识一个区块，输入敏感的特性又使得前一区块或者某个交易被篡改时，哈希值一定会发生很大变化，从而节点通过判断哈希值就确保了区块链不可篡改的特性。

二、网络层

网络层决定了区块链节点组网方式、信息传播方式，描述了信息的验证过程。每个节点都与多个邻居节点建立连接，当节点产生交易、区块等数据时会广播到全网所有节点。每个节点都会根据收到的交易、区块等数据构建本地区块链，构成了去中心化的分布式系统。由于每个节点都存有一份相同的账本，因此可以有效解决单点故障问题。

网络层利用了区块的链式结构和梅克尔树等数据层的特性，向上层提供了基本的通信功能，是区块链得以稳定运行的基础，也是区块链分布式特性的来源。网络层一般包含三大机制：组网机制、数据传播机制和数据验证机制。组网机制保障了区块链的各个节点可以组成一个通信网络，对于公有链来说，还允许新节点随时加入网络；数据传播机制保障了交易可以被传播到足够多的节点以完成打包，保障了节点可以最终同步到所有区块；数据验证机制减少了使用错误数据的风险，保障了数字货币不会被"双花"，数字资产能正常流转。

1. 组网机制

区块链网络的组网机制是 P2P 网络，通常也被称为对等网络。P2P 网络与传统的客户端/服务器（Client/Server，C/S）结构不同（如图 1-6 所示），网络中的每个节点具有对等的地位，既能充当网络服务的请求者，又能对其他计算机的请求做出响应。

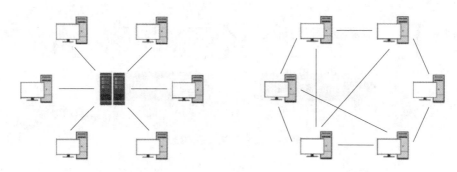

图 1-6　中心化网络（左）和 P2P 网络（右）拓扑结构对比图

目前，几乎所有的区块链项目所使用的下层网络协议依然是面向连接的传输控制（Transmission Control Protocol，TCP）协议和面向无连接的用户数据包（User Dategram Protocol，UDP）协议。也就是说，区块链的网络协议是在 TCP 和 UDP 协议之上，与 HTTP 协议处在同一层，是 TCP/IP 网络体系结构中的应用层协议。随着区块链的发展，除了真正参与共识的节点，还存在轻节点、监听节点等，形成了更加复杂的网络组织结构。由于没有中心服务器，区块链需要有可靠的节点发现机制，确保新节点可以顺利地加入 P2P 网络，各节点都能建立足够的连接以维持 P2P 网络的稳定性。

2. 数据传播机制

区块链的正常运行离不开数据传播机制，节点主动宣告自己产生的交易和打包的区块。节点与节点之间的传输依赖于流言传播协议（Gossip），即数据（如交易）从某个节点产生，接着广播到临近节点，临近节点同样地进行广播，一传十、十传百，直至传播到全网。

交易传播是区块链网络中数据传播的重要组成部分，只有将交易传播到打包节点才有可能被打包成区块，进而参与整个区块链的共识。交易的传播依赖于 Gossip 机制，期望传播交易的节点首先向已连接的可用节点宣告该交易的存在，接收到宣告的邻居节点会向宣告节点请求交易的完整信息。这些邻居节点接收到交易的完整信息并且验证都是有效交易后，就会再向各自的邻居节点宣告交易，以此类推。某个节点收到交易信息后，只有确认了接收到的交易不在自身的交易数据中，才会转发这些交易。

同步区块是区块链的重要功能，占据了区块链网络中数据传播的绝大部分流量。与交易的传播类似，打包出区块的节点会向邻居节点宣告该区块的存在，接收到宣告的节点会向宣告节点发起同步区块的请求，而接收到请求的节点会将相应的数据返回给请求方。

同步的方式可以有多种，例如，先进行区块头的同步，同步完成后再进一步请求区块体；也可直接同步完整区块数据。两种同步方式背后的逻辑是完全不同的，所以体现在节点交互协议上也是不同的，前者提供了更好的交互过程，减轻了网络负担。如果某个节点接收到的区块并不是与它自身保存的链紧紧相连的，换句话说，新区块与当前链的末尾区块高度差大于 1，则该节点会依次请求缺失区块，直到这些区块能与原有的链组成一条新的完整的链。

3. 数据验证机制

区块链从网络中接收到数据后，必须要对数据进行一系列的验证，才能决定是否接受，进而传播这些数据以及提供给上层架构。数据验证机制是为了应对数据在产生和传播过程中的各种风险，保障区块链的可靠运行，其中最主要的三个方面包括传输验证、签名验证、语义验证。

公有区块链面临的网络环境是开放的，从开放的网络中传输而来的数据不仅可能是缺漏错误的，还可能是攻击者恶意篡改伪造的，除了更基础的 TCP/IP 协议所做的数据验证，区块链网络一般还会进行自己的传输验证。以比特币网络为例，自 2012 年2 月 20 日，比特币网络中的所有消息交互都增加了校验字段。

区块链的签名验证利用的是特定的密码学算法，如公开密钥密码体制（RSA）、椭圆曲线加密算法（ECC）等。例如，在比特币未花费的交易输出模型（Unspent Transaction Outputs，UTXO）中，交易由交易输入和交易输出组成，每一笔交易都要花费一笔输入，产生一笔输出，而其所产生的输出，就是"未花费过的交易输出"。对每个交易中的每个输入，用交易指向的来源输出中的公钥脚本，对输入的签名脚本进行验证，并检查签名和交易身份证标识号（ID）是否一致，以验证输入中引用的交易来源确实是属于用户所有。

在语义验证方面，区块链的全节点会将一个区块中的所有交易数据组织成梅克尔树，来验证该区块头中梅克尔树根的正确性。对于有数字货币流通的区块链来说，为了保证数字货币不会被"双花"（即花费两次或更多），还需要验证每个交易内部的数据。在 UTXO 模型中，需要验证当前交易的输入确实是未花费的交易输出。在账户余额模型中，需要验证当前交易的转出方（支付方）账户内还有足够的余额可供转账。

三、共识层

共识层建立在网络层之上，主要定义了节点如何对区块链数据达成一致。当交易、区块等数据成功通过网络层到达全网所有节点后，节点通过共识算法对区块链一致性达成共识。在每轮共识过程中，每个节点会对区块中的哈希值、签名以及交易的有效性等进行验证，并将通过验证的区块添加到本地区块链。由于在共识过程中所有节点都对区块进行了验证，因此即使少部分节点恶意发布、篡改数据，也不会影响区块链的正确性和一致性。用户在访问区块链时，可以对多个节点同时访问，并根据少数服从多数原则选择合适的结果，因此在大多数节点遵守规则的情况下，区块链有着可信、不可篡改的特点。

区块链作为一种分布式网络系统，它的共识机制自然需要满足分布式系统的属性。分布式系统共识存在布鲁尔定理（CAP 定理），具体是指一致性（Consistency）、可用性（Availability）以及分区容错性（Partition-tolerance）。三个网络服务中重要的性质不能同时实现。三种性质具体如下：

（1）一致性：对于一个分布式系统，一致性要求其在进行任何操作时，看起来就像是在一个单一节点上进行一样，即任一时刻，分布式系统中各节点的状态信息以及对同意请求的执行过程都是一致的。

（2）可用性：分布式系统在收到用户的请求后，必须给出相应的回应，不能让用户陷入无限等待的过程中。

（3）分区容错性：分布式系统容忍其中节点出现分区，当分区出现时，一个区域中节点发往另一个区域中节点的数据包全部丢失，即区域间无法进行通信。

CAP 定理指出在分布式系统的设计中，一致性、可用性、分区容错性只能同时满足两个。但分布式系统面临着网络攻击、链路故障等各种不确定因素，分区随时有可能发生，因此分布式系统设计面临的问题通常是在一致性和分区出现时的可用性之间进行取舍。

因此，区块链目前主要采用两种设计思路。其一是确保一致性，而在分区出现的时候牺牲可用性，这一情况主要在采用拜占庭容错共识的区块链中出现，因此这一类区块链中不会出现分叉的现象，例如超级账本（Hyperledger）Fabric；另一种则是弱化对一致性的要求，以确保在分区出现时，系统仍然能够运行，如采用工作量证明（PoW）、PoS 等共识的区块链，但正是因为弱化了对一致性的要求，比特币、以太坊等系统存在着分叉、双花等潜在攻击。

针对不同的区块链系统，出于安全性、准入性以及节点规模要求，可以采用不同的共识机制算法。对于开放场景下的无须许可链，采用 PoW 或 PoS 类算法；对于有准入限制的许可链或者联盟链来说，由于节点动态变化少，系统交易吞吐量要求较高，因此常采用分布式一致性算法（RafT）或实用拜占庭容错算法的演进版本实现区块链系统。

四、合约层

如果说区块链的数据层实现了区块链系统的数据存储，网络层实现了区块的消息广播，共识层实现了各个分布式账本的状态一致，那么合约层则用于实现复杂的商业逻辑。从比特币使用非图灵完备的简单脚本控制交易开始，将智能合约应用到区块链上就一直是区块链研发的关注点，随着以太坊的发布和生态的发展，图灵完备的智能合约以及完善的开发工具链使得区块链的应用场景大大拓展，在包括金融工程、社会协作等诸多方面得到有价值的应用。

合约层的名称来源于日常生活中使用的合约，它表示特定人之间签订的契约。借助于区块链在分布式环境下能对未知实体之间建立的信任关系，智能合约已成为一种使未取得彼此信任的各参与方具有安排权利与义务的商定框架。智能合约概念的提出初衷是希望通过将智能合约内置到物理实体来创造各种灵活、可控的智能资产。

智能合约的执行过程需要读取链上数据，并将执行结果写入区块链。共识层确保了本地链上数据一致性，因此节点在执行同一智能合约时，对本地链上数据进行一致的读、写操作，进而确保智能合约执行过程中的状态一致性。智能合约的执行结果被记录到区块链中，同样有着执行结果可信、不可篡改的特点。早期比特币采用脚本语言编写数字货币交易相关逻辑，并在本地直接执行交易，可以认为是区块链智能合约的雏形；以太坊开发了图灵完备的智能合约语言 Solidity，放在以太坊虚拟机（EVM）中运行，使得智能合约技术正式在区块链中得到了应用；超级账本中智能合约则被称为链码（Chaincode），部署在应用容器引擎（Docker）中，并支持 Go、JavaScript 等各种语言。

合约层与区块链构架密切相关，它所形成的合约程序将在区块链中部署与运行。一方面，合约程序作为当事人之间的承诺，需要以不可改变的形式发布到区块链中，以便满足合约执行的公正性；另一方面，部署后的合约在条件满足时将被自动执行，执行过程需要读取区块链中的数据及运行状态，并将执行结果和新的运行状态写入区块链中。因此，合约层与区块链是密不可分的一个整体。

随着智能合约技术的发展，智能合约不仅是区块链上的一段可执行代码，而且是构建在区块链上包含智能合约语言、运行环境、执行方法等的一个完整系统，包含了智能合约的开发与构建、部署、运行的三个步骤。作为第二代区块链的标志性技术，目前众多区块链厂商已经开发出各自的智能合约方案。

尽管智能合约具有一系列新的特征，智能合约本质仍然是一段运行在区块链网络中的程序代码，因此，它具有现有计算机程序所具有的各种安全问题和代码漏洞。近几年针对智能合约出现了一系列安全事件，并导致了巨大的损失。虽然区块链平台的安全特征有利于减少智能合约的安全风险，但智能合约安全仍然有待研究与改进。

五、应用层

区块链应用层位于区块链体系结构的最上层，它将合约层的相关接口进行封装，并设计友好的 UI 接口和调用的规范，从而让终端用户能够快速地搭建各类去中心化的可信任的应用服务，通过服务端、前端、App 等开发技术，为用户提供包括但不限于票据、资产证明、云游戏、区块链浏览器等分布式应用服务，为实现价值的转移提供了可能。

应用层使用的技术是传统互联网中的技术，包括服务端技术、前端技术以及 App 技术。

服务端技术主要是将系统资源及功能组织起来，对外提供服务，如服务器（计算机）、操作系统（如 Linux）、Web 服务（如 Apache）、存储服务（数据库）和虚拟技术（如 Docker）等内容。目前服务端框架较为成熟的有比特币框架、以太坊框架、超级账本 Fabric 框架和 Corda 框架等。

前端技术主要应用在客户端，用来将内容呈现给用户，并实现产品和用户的交互。常见的前端如各类浏览器、个人计算机（PC）端、移动端等。由于前端直接面向用户，除了开发技术外，还涉及平面交互设计、用户心理学等内容。

App 技术运行在移动端，如智能手机、平板电脑。它依赖于移动设备上的操作系统，如谷歌公司的 Android 操作系统、苹果公司的 iOS 系统。

六、激励机制

激励机制早期出现在比特币、以太坊等公有链中，用于激励矿工节点参与维护区块链，但随着联盟链的出现，激励机制已经不再是必需。此外，激励机制与智能合约层、应用层相结合的研究开始出现。例如，以智能合约的形式发布漏洞赏金来吸引用户参与漏洞检测；或者根据区块链记录的用户历史行为对其进行区别服务，从而激励用户保持良好的行为习惯。

第六节　价值意义

考核知识点及能力要求：

- 了解区块链的价值意义。

区块链为数字社会提供了基础保障。数字社会构建在虚拟的网络空间，人、机、物都可作为网络空间上的"连接点"而存在、交互、合作，数据持续地产生和流动。在这样的数字世界中，必定要有与其相适应的社会治理、经济运行、价值流通和诚信合作等规则。区块链的特点恰好支撑数字社会发展的内在需要。多方共识构建的自治规则将对数字经济社会的发展产生深刻的影响。

一、创建数字社会新规则

1. 构建诚信社会环境

区块链的开放透明、不可篡改、时间有序、平等互联、信息永久保存、可追可查等特征，为解决人类社会的信任问题提供了有力支撑。无法篡改的记录将消除造假、抵赖等行为，构建信任基础。同时，区块链作为分布式共识与价值激励的技术，使得各类组织管理更加科学、透明。区块链内在的正向激励机制可引导人们规范自己的行为，让诚信变得更加自觉。

2. 创新治理模式，提升治理水平

区块链技术在公共管理、社会保障、数字法庭、社区管理等领域的广泛应用，大

大提高了公众的参与度，降低了社会运营成本，有力提升了社会治理水平。同样区块链也将在统计调查、科学监管、政策制定和反腐败等领域为政府管理、国家治理提供技术手段，减少治理成本。区块链技术将有助人类社会进入全球智能治理与协作的新模式，社会治理逐步迈入可编程阶段。

3. 创新交易方式

区块链所生成的副产品之一就是数字货币，基于区块链独特的构造，数字货币可以支持点对点支付，支付对象是账户地址（由公钥生成，可理解为卡号），资产归私钥（可理解为卡的密码）控制。数字货币深刻改变了人类社会信用体系和交易方式。区块链有助于改进金融业的既有技术路线和基础设施，降低交易的时间成本和资金成本，提高行业协同合作效率，大幅提高金融行业竞争优势，与此同时传统中介组织的作用开始褪色。

更重要的是，数字货币可以编程，根据事先约定的条件转到相应的账户地址，物理世界有价值的资产，包括房子、健康数据和创意等，都可一一映射成代表物理资产的数字资产，用私钥控制起来，实现唯一性确权，并可与数字货币结合在区块链网络上自由转移流动。数字货币的流动可追溯，为科技监管和社会治理拓展了空间。

4. 法律、合约代码化

计算法律正试图将现有的现实社会法律规则与虚拟网络空间内程序代码相结合，以法律规则约束代码运行，以智能合约代码表达法律规则。智能合约部署的成本远小于现实社会中法律合同或商业合同签订的成本。区块链电子存证和智能合约等是计算法律学的重要组成。基于智能合约以代码的形式构建数字社会的规则，将人、虚拟世界之间复杂的关系程序化、规则化，最终实现"代码即法则（Code is Law）"。

二、激发经济新动能

1. 优化资源配置

随着区块链技术广泛应用于金融服务、供应链管理、智能制造等经济领域，其必将进一步优化各行业的业务流程，提升协同效率，降低交易运营成本和摩擦，培育新的创业机会，产生新的商业模式，进而为经济社会转型升级提供系统化支撑。区块链网络是规则主宰的网络，智能合约为人、机、物之间的高效安全协作提供了技术保障，能让参与方之间相互信任，大大方便了分布式可信商业应用的开发；法定数字货币的应用，将真正实现信息流与价值流的融合，从而促进区块链的大规模商业应用。

2. 充分发挥大数据价值

去中心化的数字对象标识、分布式私有数据库的建设，加上同态密码、监管沙箱等技术的应用，使得数据与应用解耦，用户数据可控可管，打破数据垄断，从而支撑数据源之间按照使用和利益分配规则进行有效协作、可信共享，充分拓展大数据发展空间，释放大数据融合利用的价值。

3. 保障资产权利，促进资产流通

数据作为数字社会重要的生产要素，首先要解决数据权利问题，进而进行数据的定价、授权、交易、交换、利用等商业应用，构建起"谁的权益谁受益"的规则。通过区块链技术可实现用户数据的安全存储、受控访问、可信流通等管理，有效保障用户数据权利。我们可以将房产、汽车、版权等各种资产数字化，通过区块链实现其在网络空间的确权、使用和流通。

三、为价值互联网提供技术支撑

价值交换是人类生产生活的核心活动之一。价值交换需要参与主体身份可信、资产权益清晰、交换过程安全可信。基于区块链技术可实现参与主体和数字资产的可信身份标识，并通过公开透明的规则，为"价值互联网"提供技术支撑。

有价值的资产在区块链网上可以实现只能传递、不能复制、不能多次花费等特性，且可有效支撑信息流和价值流的融合，区块链技术有望成为价值网络的核心技术，实现从"信息传递"到"价值交换"互联网的转变。在价值互联网时代，价值的交换成本更低，流动性更充分，这将影响现有商业模式，为数字社会的发展奠定基础。

四、优化生产关系

未来，机器人将减轻人类的体力劳动，人工智能将减轻人类的脑力劳动，提供全新的生产力；物联网、大数据沟通人与物，通过数据价值挖掘，提供全新的生产资料；

而区块链则将改变人和人、人和物之间的合作方式，协调优化生产关系。科技将在经济结构转型升级过程中发挥巨大作用。

总之，随着数字社会发展，数字经济与实体经济将进一步深度融合，物理空间将向数字空间快速演进，区块链将持续对社会的各方面产生深远的影响。

思考题

1. 简述区块链的定义、特点和主要技术类型。

2. 区块链体系结构中的五层是哪些？它们之间的逻辑关系是什么？

3. 区块链的产生和发展有何意义？

4. 智能合约是什么？它的工作流程是怎么样的？

5. 请简述激励机制设计的目的。公有链为什么要设计激励机制？

6. 保证区块链数据不可篡改的关键点是什么？

第二章
密码技术

　　区块链是利用密码技术构造的新型信息系统,从本质上理解区块链,开发、利用及维护区块链必须掌握相关的底层密码技术。构造一个最基本的区块链至少需要用到哈希函数和数字签名算法,它们保证了区块链中数据的不可篡改、可认证及不可伪造等基本特性。实用中的区块链根据环境不同、需求不同可能还会使用加密算法及一些更高级的密码协议,如环签名、安全多方计算、零知识证明等。作为基础培训教材,本章介绍区块链涉及的最基本的密码学知识,包括最经典的对称加密、公钥加密和数字签名算法的构造以及哈希函数的基本概念和特性,并对其产生的背景和发展现状做了简单梳理。由于椭圆曲线密码是目前的主流密码算法,区块链中所使用的签名、加密算法及各种密码协议几乎都是基于椭圆曲线构造的,但椭圆曲线密码数学背景深厚,较为抽象,本章以尽可能直观的方式对其做简单介绍,希望读者对此有一个初步了解。

第一节 基本知识

考核知识点及能力要求：

• 了解密码学发展的重要节点，理解简单的通信保密系统结构；

• 掌握通信保密系统相关基本术语。

现代密码技术是保障网络与信息安全的核心和支撑性技术，在网络空间中默默保护着信息不被泄露、不被非法利用，承担着网络用户身份的识别、属性及各种权限等的认证和管理职责。

区块链的出现，使得密码技术从幕后走到了前台，成为社会关注的热点技术领域。区块链的数据结构、运行机制和安全性保障都是以密码算法和密码协议为基础的。作为区块链概念来源的比特币系统，实际上是一个利用密码技术构造的产生并管理"数字货币"的记账系统，比特币的产生过程（挖矿）可以认为是"暴力破解"一个降低了难度的密码学问题的过程。密码技术同时保证了这种数字货币的稀有性、不可伪造性、可转移性等。理解区块链、了解区块链各种性质的本质，进而恰当应用区块链都离不开对相关密码技术的理解与掌握。

首先，澄清一个概念。这里所说的"密码"，也就是密码学或密码技术中的"密码"，指的是对消息进行安全保护的方法和技术。2019 年 10 月 26 日，第十三届全国人民代表大会常务委员会第十四次会议通过颁布的《中华人民共和国密码法》对"密码"的定义是，本法所称密码是指采用特定变换的方法对信息等进行加密保护、安全认证的技术、产品和服务。这里讨论的即是在这个定义下的密码，而非登录网站时使用的"密码"。

最初的密码是一种主要用于保证通信安全的技术或技巧而不能称为科学。直到 20 世纪 40 年代香农创立信息论并以此研究保密系统开始，密码开始变为一种有理论基础、有科学方法的"科学"。20 世纪 70 年代是密码学发展的重要时期，发生了两个具有历史转折意义的标志性事件。一是数据加密标准（Data Encryption Standard，DES）的征集和颁布标志着密码学研究和使用从秘密走向公开、从特殊领域的专用技术走向社会各领域的通用技术；二是公钥密码体制（Public Key Cryptography，PKC）的提出，密码的功能和应用领域因此大大扩展，密码不仅是用来保密的技术（包括通信和存储），更多的应用于身份和消息的认证和管理。80 年代可证安全理论逐步发展成熟，标志着密码学进入一个新时代。现代密码以离散数学、复杂性理论为基础，以具有形式化的安全证明为特征，正在逐步形成一个严密、完整的科学和技术体系，并广泛应用于社会各个领域。

如前所述，古代的密码主要用于保密通信，密码学中的许多术语和概念都源自最初的保密通信系统。

一个典型的保密通信系统如图 2-1 所示。

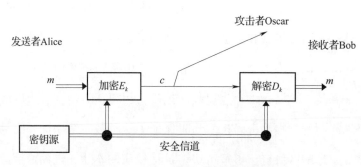

图 2-1 典型（单钥）保密通信系统

在一个（单钥）保密通信系统中，消息的传送者 Alice[①] 欲传送的原始消息 m 称为明文；对明文进行变换，使得非指定消息阅读者无法从中获得任何信息，变换后的消息 c 称为密文，将明文变为密文的过程称为加密，这个过程往往是通过一个固定的规

---

① 在密码学的著作中，Alice，Bob，Oscar 是三个标准人物，通常代表协议的两方和攻击者，可视为标准术语。

则或加密算法 E_k 进行，其中 k 是加密算法依赖的一个秘密参数，称作密钥；密钥根据不同背景有不同的产生方法（通过某个密钥中心产生，或者通信双方自行产生等），密钥产生以后一般会利用某种安全信道传送给发送者 Alice 和接收者 Bob；密文 c 通过某种信道（一般为不安全信道）传送给接收者 Bob，Bob 利用相同的密钥 k 和相应的解密算法 D_k 将密文 c 转换为明文 m，这个过程称为解密，密文在传输过程中，可能会遭到窃听或其他攻击，攻击的实施者 Oscar 称为敌手，传输过程中（无论是信使或者是无线、有线信号）密文可能被敌手截获，敌手从密文中直接获得明文中的信息称为密码分析或密码破解，一个安全的保密通信系统中，敌手应该无法直接从密文中获取任何有用信息。

在上面的保密通信系统中，加密算法与解密算法使用相同的密钥，因而必须在通信前通过安全信道完成密钥的安全传输，这给密码体制的使用和密钥的管理与传输带来极大不便，严重限制了密码体制的应用范围。这样的密码体制称为单钥密码体制或对称密码体制。1976 年斯坦福大学的迪菲（W. Diffie）和赫尔曼（M. E. Hellman）开创性地提出了公钥密码体制的思想。在一个公钥密码体制中，加密密钥与解密密钥不再相同，利用加密密钥推导出解密密钥是一个难解问题，是实际不可能的。在这样的密码体制下，Bob 只要公开其加密密钥而保密解密密钥，任何人可通过公开获取的加密密钥利用加密算法向 Bob 传送秘密信息。公钥密码体制也称为非对称密码体制。

一个典型的公钥体制下的保密通信系统如图 2-2 所示。

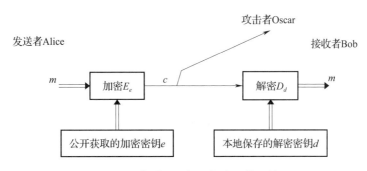

图 2-2 典型（公钥）保密通信系统

最后，需要指出的是，保密是密码学最初的动机，但现在密码学已经发展成为一个具有多个分支的学科，有着丰富的研究内容，加密仅是其中的一个分支而已。区块链中将用到密码学中多个技术，当然不排除加密技术，但最基本的是哈希和数字签名，加密则是根据需要的可选项。

第二节 对称密码与加密标准

考核知识点及能力要求：

• 理解换位密码、代换密码的基本原理；

• 了解数据加密标准 DES、高级加密标准（Advanced Encryption Standard，AES）的历史地位，了解密码标准的产生过程，熟悉 AES 的结构及加密流程；

• 会使用换位密码、代换密码进行加解密，能够使用开源资料对消息进行 AES 加密和保密管理。

对称加密体制从概念上来说包括序列密码与分组密码两大类，但序列密码目前来看很少会用在区块链中。按照习惯，本章中所说的对称密码总是指分组密码，也就是说密码算法的输入是固定长度的数据分组或数据块。现代对称密码设计沿用了古代密码学中的一些基本元素，一般由"换位"和"代换"两种机制经过多次混合使用并多次迭代而成，换位和代换是对称密码设计的基本工具，本章从这两种基本密码体制谈起。

在本章中，总是以英文为背景讨论密码算法。为便于区别，明文用小写字母书写，密文用大写字母书写，并忽略空格和所有标点符号，只使用 26 个英文字母，必要时将这 26 个英文字母依次等同于 0，1，…，25，这 26 个数字。例如，a 等同于 0，b 等同于 1，c 等同于 2 等。

一、换位密码

换位密码是指将明文消息的字母顺序打乱，使得消息无法阅读，例如，将消息的第 1、3 字母对换，第 2、4 字母对换……这种加密变换并不改变字母本身。解密即按照相反的变换将字母恢复为原来的顺序。换位密码的顺序变换一般用一张顺序变换表表示，这张变换表即其密钥。

古希腊斯巴达人使用图 2-3 所示的"密码棒"来传递消息，它由一根木棒和一条羊皮带构成，在使用时，将羊皮带缠绕到木棒上，然后在羊皮带上横向（沿木棒方向）写下信息，当羊皮带从木棒上取下时，字母的顺序就被打乱了。

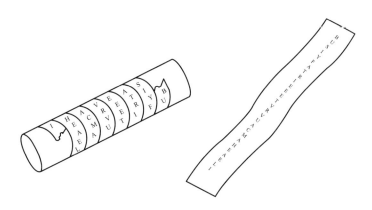

图 2-3　斯巴达人的密码棒

按照这种变换方式，组成消息的字母进行了"换位"，因而这是一种换位密码，只不过这时的密钥是木棒的直径。

一般地，一个换位密码体制可由一个换位表决定，换位表最直观的形式是写成一个置换：

$$\begin{pmatrix} 1 & 2 & 3 & \cdots & n \\ i_1 & i_2 & i_3 & \cdots & i_n \end{pmatrix}$$

其中，n 是明文长度，加密时将消息中的字母按长度 n 进行分组，如果不能整分则需要做某些必要的填充，加密算法为将原第 i_1 个字母放到第 1 位，原第 i_2 个字母放到第

2 位……第 i_n 个字母放到第 n 位。

【例 2-1】 对消息

More serious applications of such privacy- protecting cryptographic protocols are emerging in lots of places.

利用换位表（密钥）k 加密：

$$k = \begin{pmatrix} 1 & 2 & 3 & 4 & 5 & 6 \\ 3 & 5 & 4 & 6 & 1 & 2 \end{pmatrix}$$

换位表 k 的长度为 6，只能加密长度为 6 的明文，现将上面消息按每 6 个字母一组进行分组（忽略标点符号和空格），不足 6 个用 x 填充：

Morese/riousa/pplica/tionso/fsuchp/rivacy/protec/tingcr/yptogr/aphicp/rotoco/lsaree/mergin/ginlot/sofpla/cesxxx/

每组按照换位表指定的顺序重排，第 1 位放第 3 个字母 r，第 2 位放第 5 个字母 s，第 3 位放第 4 个字母 e……得到密文：

RSEEMO/OSUARI/LCIAPP/OSNOTI/UHCPFS/VCAYRI/OETCPR/NCGRTI/TGORYP/HCIPAP/TCOORO/AERELS/RIGNME/NOLTGI/FLPASO/SXXXCE/

要恢复明文，只要按照换位表逆向操作，将字母放回原位即可，即将第 1 个字母 R 放回第 3 位，第 2 个字母 S 放回第 5 位，第 3 个字母 E 放回第 4 位……也就是说将换位表的上下两行交换，再按照新的换位表进行换位，即可将密文恢复成明文。

上面的换位表在数学上称为置换，因此换位密码也称为置换密码。换位密码是现代密码设计的一个基本元素，但往往会稍作变形，例如，可以重写某些位置的字母使消息变长或舍弃某些位置的字母使消息变短（存在冗余位时），更一般地，可以推广为"列混合"，到目前为止的两代加密标准 DES 和 AES 都采用了这样的技术。

二、代换密码

与换位密码不同，代换密码通过将明文中的字母按照某种规律用其他字母替换产生密文。例如，将 a 换为 z，b 换为 y，c 换为 x……

著名的凯撒密码是一个特殊的代换密码。凯撒密码将消息中的每个字母用字母表中该字母后面第三个字母替换（或说将每个字母在字母表中向后位移三个位置），当字母表到达最后一个字母时，回到字母表的第一个字母，例如，将 a 替换为 d，b 替换为 e……x 替换为 a 等，这个变换可以用下表表示：

$$\begin{pmatrix} a & b & c & d & \cdots & x & y & z \\ d & e & f & g & \cdots & a & b & c \end{pmatrix}$$

该表称为代换表，如果将字母表中的字母等同于 0~25 这 26 个数字，这个加密算法（即每个字母用字母表中其后面第三个字母代替）可以写成一个数学公式：

$$y = x + 3 \bmod 26$$

相应的解密算法为：

$$x = y - 3 \bmod 26$$

很明显，向后位移 3 个字母这个规则可以更一般地用向后位移 k（$0 \leq k \leq 25$）个字母代替，这可称为广义凯撒密码或移位密码。当然这种密码并不安全，其密钥 k 共有 26 种可能，遍历所有可能密钥进行尝试似乎轻而易举。这种遍历所有可能密钥进行攻击的方法称为"暴力攻击"。

对于 26 个英文字母来说，一般代换密码的代换表，第一行取 26 个字母的标准排列，第二行取随机排列。加密时用代换表第二行字母代替相应第一行字母。代换密码体制的解密只要将第二行的字母代换回第一行字母即可。代换密码所有可能的代换表（密钥）共有 26!（26 的阶乘）个，暴力攻击已经变得不那么容易了。

【例 2-2】令代换表为

$$\pi = \begin{pmatrix} a & b & c & d & e & f & g & h & i & j & k & l & m & n & o & p & q & r & s & t & u & v & w & x & y & z \\ p & e & o & f & l & a & r & x & u & q & c & g & i & y & h & j & n & v & b & z & t & w & d & k & m & s \end{pmatrix}$$

用代换表 π 加密例 2-1 中的消息。

将 m 替换为 i，o 替换为 h，r 替换为 v……得到下面一段密文：

IHVL BLVUHTB PJJGUOPZUHYB HA BTOX JVUWPOM JVHZLOZUYR OVMJZHRVPJXUO JVHZHOHGB PVL LILVRUYR UY GHZB HA JGPOLB（密文书写中一般不留空格，或将字母五

个一组书写，为了便于看清明密文的对应关系，我们在这里保留了空格）。

反向代换，即在密文中用代换表中的第一行字母代换第二行字母，即可解密。

三、加密标准

美国数据加密标准 DES 的征集和发布，是密码学发展中从秘密研究到公开研究的转折。1972 年，美国国家标准局（National Bureau of Standards，NBS），现在已改名为国家标准技术研究所（National Institute of Standards and Technology，NIST）开始号召实施密码算法标准化。1973 年 5 月 15 日，NBS 在《联邦纪事》上发布了对数据加密标准算法的征集公告，经过反复论证，国际商业机器公司（International Business Machines Corporation，IBM）的霍斯特·菲斯特尔（Horst Feistel）提出的被称为 Lucipher 的密码算法，经过改进最终于 1977 年 7 月 15 日被采纳为标准，并更名为 DES，用于保护"非密级的计算机数据"，密码算法从此进入到商业、金融等社会各个领域。

计算机中任何信息都是以比特串的形式存在的，因此现代密码的操作对象不再是字母（或字符）而是比特串，DES 的加密对象（明文）是长度为 64 位的比特串，称为 64 比特的"块"。DES 的密钥长度看起来是 64 比特，但参与加密过程的有效位是 56 比特，有些短，目前它已经不再安全的主要原因是可以通过遍历其密钥进行"暴力攻击"。

DES 作为第一个数据加密标准取得了极大的成功，尽管在初期有一些争议，DES 采用的 56 比特密钥也确实过短，但它对密码学公开研究的推动是历史性的，密码学的研究从黑屋走向了公开，DES 及相关技术的研究主导了对称密码学研究主流方向近三十年，将对称密码的设计与分析推进到了一个新的阶段。

虽然 DES 是一个里程碑式的加密标准，但是随着技术的进步，它不可避免地会被新的标准取代。这里，将不对 DES 做详细讨论，有兴趣的读者可参阅任何一本密码学教材。

1997 年 1 月，NIST 发布了对新的数据加密标准 AES 的需求，1997 年 9 月正式发布了征集令，面向全球的组织和个人征集 AES，开创了一个全公开的密码标准征集模式。共 15 个算法被接受为候选算法，经过初评选出 5 个算法进入"决赛"，1999 年经评估小组投票表决，NIST 宣布比利时学者琼·戴门（Joan Daemen）和文森特·里杰门（Vincent Rijmen）提交的分组密码算法 Rijndael 最终获胜被选为 AES，2001 年 9 月 AES 被正式批准为美国联邦标准。AES 的征集和评审活动，不仅产生了新的数据加密标准，也将对称密码的研究推进到一个新的历史阶段。

AES 的分组长度（明文）为 128 比特，密钥长度有三种选择，128 比特、192 比特和 256 比特。下面仅以 128 比特密钥的情况为例进行讨论。AES 采用了简单明了的层次结构，基本加密过程包含三层：代换层、线性混合层和密钥加入层。128 比特长度密钥的 AES 进行加密时加密过程需迭代 10 轮。

对于 AES 的 128 比特长度的输入，每 8 个比特称作一个字节，128 个比特被分成 16 个字节，AES 的操作都是以字节为单位进行的。设 x 为明文，引入如下符号：

$$x = b_0 b_1 \cdots b_{127} = x_0 x_1 \cdots x_{15}$$

即用 b_i 表示明文 x 的第 i 个比特（方便起见，b_0 称为第 0 个比特，下同），x_i 表示明文的第 i 个字节。

从数学结构上看，在 AES 的加密过程中，x 的 16 个字节被按列优先排成一个 4×4 矩阵。

$$X = \begin{pmatrix} x_0 & x_4 & x_8 & x_{12} \\ x_1 & x_5 & x_9 & x_{13} \\ x_2 & x_6 & x_{10} & x_{14} \\ x_3 & x_7 & x_{11} & x_{15} \end{pmatrix}$$

密钥长度也为 128 比特，做同样的处理。

事实上，在 AES 的加密过程中，所有待处理信息都会被按照字节放入一个 4×4 矩阵进行，该矩阵保存了 AES 加密过程中信息的中间状态，称为状态矩阵，直观上可以看成是 AES 的信息加工场地，用 S 表示这个矩阵。

$$S = \begin{pmatrix} s_{00} & s_{01} & s_{02} & s_{03} \\ s_{10} & s_{11} & s_{12} & s_{13} \\ s_{20} & s_{21} & s_{22} & s_{23} \\ s_{30} & s_{31} & s_{32} & s_{33} \end{pmatrix}$$

AES 的加密流程如图 2-4 所示（原始密钥记为 k^0，原始密钥可以演化出每一轮的轮密钥，第 i 轮的密钥记为 k^i）。

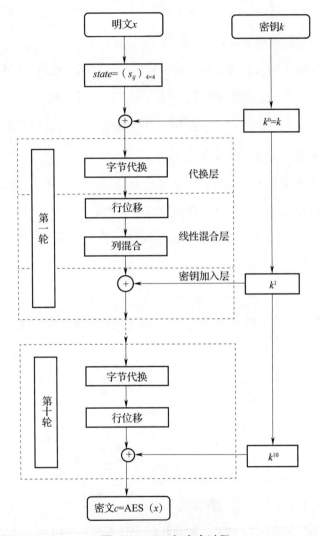

图 2-4　AES 加密全过程

在 AES 的流程图中，每次迭代都有字节代换、行位移、列混合三个基本变换构成（第 10 轮较为特殊，不进行列混合）。

1. 字节代换

AES 以字节为单位进行代换，因为所有不同的字节（8 个比特）共有 2^8 个，因此代换表的长度应该是 2^8（就像英文字母有 26 种可能，因此英文字母代换表的长度为

26）。为方便起见，代换表以下面二维表的形式给出（代换表也称为 S-盒），如图 2-5 所示。

X\Y	0	1	2	3	4	5	6	7	8	9	A	B	C
0	63	7C	77	7B	F2	6B	6F	C5	30	01	67	2B	FE
1	CA	82	C9	7D	FA	59	47	F0	AD	D4	A2	AF	9C
2	B7	FD	93	26	36	3F	F7	CC	34	A5	E5	F1	71
3	04	C7	23	C3	18	96	05	9A	07	12	80	E2	EB
4	09	83	2C	1A	1B	6E	5A	A0	52	3B	D6	B3	29
5	53	D1	00	ED	20	FC	B1	5B	6A	CB	BE	39	4A
6	D0	EF	AA	FB	43	4D	33	85	45	F9	02	7F	50
7	51	A3	40	8F	92	9D	38	F5	BC	B6	DA	21	10
8	CD	0C	13	EC	5F	97	44	17	C4	A7	7E	3D	64
9	60	81	4F	DC	22	2A	90	88	46	EE	D8	14	DE
A	E0	32	3A	0A	49	06	24	5C	C2	D3	AC	62	91
B	E7	C8	37	6D	8D	D5	4E	A9	6C	56	F4	EA	65
C	BA	78	25	2E	1C	A6	B4	C6	E8	DD	74	1F	4B
D	70	3E	B5	66	48	03	F6	0E	61	35	57	B9	86
E	E1	F8	98	11	69	D9	8E	94	9B	1E	87	E9	CE
F	8C	A1	89	0D	BF	E6	42	68	41	99	2D	0F	B0

图 2-5　AES 的 S-盒

该表将字节表示为两个 16 进制数，例如，字节 11000101 写成十六进制为 C5，01100011 写成十六进制为 63。一个字节（明文）XY 对应的代换字节（密文）为表中 X 行 Y 列位置的字节（行列号从 0 算起）。

【例 2-3】字节 C5 应该被替换为 C 行 5 列位置字节，即 A6；63 应该被替换为 6 行 3 列的字节，即 FB。

2. 行位移

行位移就是将矩阵的每一行向左循环位移，具体来说，从第 0 行开始数，第 0 行不动，第 1 行向左循环位移 1 个位置，第 2 行向左循环位移 2 个位置，第 3 行向左循环位移 3 个位置，如图 2-6 所示。

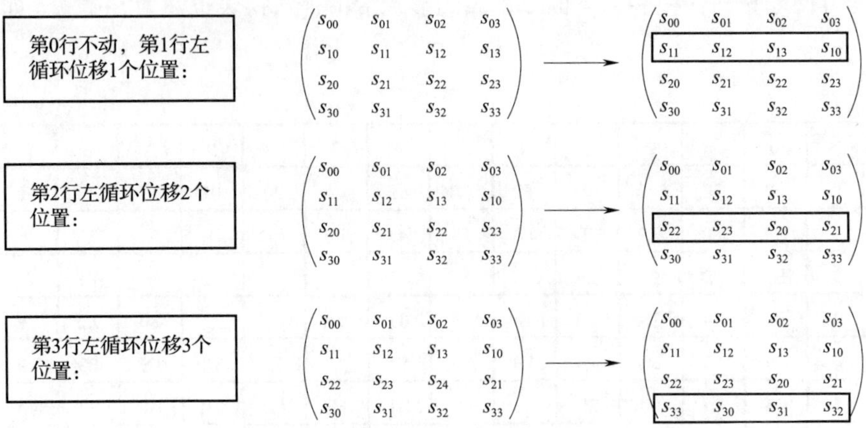

第0行不动，第1行左循环位移1个位置：

$$\begin{pmatrix} s_{00} & s_{01} & s_{02} & s_{03} \\ s_{10} & s_{11} & s_{12} & s_{13} \\ s_{20} & s_{21} & s_{22} & s_{23} \\ s_{30} & s_{31} & s_{32} & s_{33} \end{pmatrix} \longrightarrow \begin{pmatrix} s_{00} & s_{01} & s_{02} & s_{03} \\ \boxed{s_{11} & s_{12} & s_{13} & s_{10}} \\ s_{20} & s_{21} & s_{22} & s_{23} \\ s_{30} & s_{31} & s_{32} & s_{33} \end{pmatrix}$$

第2行左循环位移2个位置：

$$\begin{pmatrix} s_{00} & s_{01} & s_{02} & s_{03} \\ s_{11} & s_{12} & s_{13} & s_{10} \\ s_{20} & s_{21} & s_{22} & s_{23} \\ s_{30} & s_{31} & s_{32} & s_{33} \end{pmatrix} \longrightarrow \begin{pmatrix} s_{00} & s_{01} & s_{02} & s_{03} \\ s_{11} & s_{12} & s_{13} & s_{10} \\ \boxed{s_{22} & s_{23} & s_{20} & s_{21}} \\ s_{30} & s_{31} & s_{32} & s_{33} \end{pmatrix}$$

第3行左循环位移3个位置：

$$\begin{pmatrix} s_{00} & s_{01} & s_{02} & s_{03} \\ s_{11} & s_{12} & s_{13} & s_{10} \\ s_{22} & s_{23} & s_{24} & s_{21} \\ s_{30} & s_{31} & s_{32} & s_{33} \end{pmatrix} \longrightarrow \begin{pmatrix} s_{00} & s_{01} & s_{02} & s_{03} \\ s_{11} & s_{12} & s_{13} & s_{10} \\ s_{22} & s_{23} & s_{20} & s_{21} \\ \boxed{s_{33} & s_{30} & s_{31} & s_{32}} \end{pmatrix}$$

图 2-6　AES 的行位移

【例 2-4】对于矩阵

$$X = \begin{pmatrix} 00 & 01 & 02 & 03 \\ 04 & 05 & 06 & 07 \\ 08 & 09 & 0A & 0B \\ 0C & 0D & 0E & 0F \end{pmatrix}$$

行位移得

$$X' = \begin{pmatrix} 00 & 01 & 02 & 03 \\ 05 & 06 & 07 & 04 \\ 0A & 0B & 08 & 09 \\ 0F & 0C & 0D & 0E \end{pmatrix}$$

3. 列混合

列混合不是一个经典的换位机制，而是一个更一般的推广，即线性变换。我们已经知道，AES 所处理的信息是以 4×4 矩阵的形式存在的，列混合也就是用一个选定的矩阵去乘信息各列形成新的列。AES 中在列混合中选定的矩阵为：

$$C = \begin{pmatrix} 02 & 03 & 01 & 01 \\ 01 & 02 & 03 & 01 \\ 01 & 01 & 02 & 03 \\ 03 & 01 & 01 & 02 \end{pmatrix}$$

列混合的操作即用矩阵 C 去乘矩阵 S 的各列，例如，经过列混合变换以后状态矩阵 S 的第一列将变为：

$$\begin{pmatrix} 02 & 03 & 01 & 01 \\ 01 & 02 & 03 & 01 \\ 01 & 01 & 02 & 03 \\ 03 & 01 & 01 & 02 \end{pmatrix} \begin{pmatrix} s_{00} \\ s_{10} \\ s_{20} \\ s_{30} \end{pmatrix} = s_{00} \begin{pmatrix} 02 \\ 01 \\ 01 \\ 03 \end{pmatrix} + s_{10} \begin{pmatrix} 03 \\ 02 \\ 01 \\ 01 \end{pmatrix} + s_{20} \begin{pmatrix} 01 \\ 03 \\ 02 \\ 01 \end{pmatrix} + s_{30} \begin{pmatrix} 01 \\ 01 \\ 03 \\ 02 \end{pmatrix} = \begin{pmatrix} s'_{00} \\ s'_{10} \\ s'_{20} \\ s'_{30} \end{pmatrix}$$

其他各列类似进行。

事实上，列混合变换相当于用上面的矩阵 C 左乘状态矩阵 S。

$$\begin{pmatrix} 02 & 03 & 01 & 01 \\ 01 & 02 & 03 & 01 \\ 01 & 01 & 02 & 03 \\ 03 & 01 & 01 & 02 \end{pmatrix} \begin{pmatrix} s_{00} & s_{01} & s_{02} & s_{03} \\ s_{10} & s_{11} & s_{12} & s_{13} \\ s_{20} & s_{21} & s_{22} & s_{23} \\ s_{30} & s_{31} & s_{32} & s_{33} \end{pmatrix} = \begin{pmatrix} s'_{00} & s'_{01} & s'_{02} & s'_{03} \\ s'_{10} & s'_{11} & s'_{12} & s'_{13} \\ s'_{20} & s'_{21} & s'_{22} & s'_{23} \\ s'_{30} & s'_{31} & s'_{32} & s'_{33} \end{pmatrix}$$

对上面的矩阵运算，需要特别做出一个重要说明，这里对字节所做的"乘法"和"加法"，并不是通常的整数乘法和整数加法，而是数学中 2^8 元域 $\mathrm{GF}(2^8)$ 中的乘法和加法。可以想象，如果直接做整数乘法和加法，字节相乘或相加以后一般不再是一个字节，其长度可能超过 8 比特，这显然是不行的，由于此处涉及的数学知识比较深，在此不再讨论。

有了上面三个基本变换，现在可以来整体介绍图 2-4 所示的 AES 加密流程了。第一步要建立 4×4 状态矩阵 $state$，将明文 $x = x_0 x_1 \cdots x_{15}$ 的各个字节按照列优先顺序输入到 $state$ 中，密钥 k 同样表示为 16 个字节组成的 4×4 矩阵，密钥与明文进行逐比特异或，然后进行下面的 10 轮迭代。每一轮迭代分为三层，第一层为代换层，每个字节利用 AES 中设计的 S-盒（代换表）进行代换。第二层为置换层，包含两个操作，首先进行一个行位移，接着进行列混合。第三层极其简单，只需要将初始密钥 k 演化出的各轮密钥与状态矩阵逐比特异或即可。读者应该注意到，最后一轮没有进行列混合操作，这是为了保持算法的某种对称性。

本节首先引入了现代对称密码设计的两个要素换位密码和代换密码，然后对密码标准 AES 进行了简要介绍，这里注重介绍算法的思想和原理，从较高层次理解算法，因此很多细节被忽略，密钥的演化方法也未提及，感兴趣的读者若想详细了解，可参阅任何一本专业密码学教材。

第三节　非对称密码及典型算法

考核知识点及能力要求：

- 了解非对称密码（公钥密码）的起源；
- 理解非对称密码及初等数论相关概念；
- 熟悉大整数分解与离散对数问题，掌握 RSA 密码体制；
- 能够结合实践能力一节实现 RSA 签名体制。

20 世纪 70 年代是密码学开创新纪元的年代，除产生了第一个密码标准 DES 外，还有一件大事具有开创历史的意义，那就是公钥密码的提出。以前的密码，都是前面所讲的对称密码，即加密密钥与解密密钥相同或本质上相同，因而必须保密。高度商业化社会的今天，我们往往需要与陌生人，与我们并不信任的人甚至对手和敌人进行秘密通信，事先共享密钥或寻求一个安全信道是极其困难甚至不可能的。斯坦福大学迪菲和赫尔曼教授早在 20 世纪 70 年代提出的公钥密码的思想恰好适应了这种环境，他们在《密码学新方向》一文中提出建立一种新的密码体制，加密密钥和解密密钥不再相同，利用加密密钥无法计算解密密钥。在这样一种体制下，Bob 可以公布他的加密密钥，例如像电话号码一样印到名片上或公布到机构的通讯录中，任何人例如 Alice 若要给 Bob 传送加密消息，只需获得他的加密密钥，用这个密钥加密要传送的消息，通过公开信道，例如邮差、无线电报，发送给 Bob 即可。即使有人截获了这个消息，因为无法获得 Bob 的解密密钥而无法获取消息内容。这就相当于任何人都可以获得一个开着的锁，可以把消息锁起来传送给 Bob，除 Bob 外任何人只能锁闭消息而无法打开消息。

由于这种密码体制的加密密钥可以公开，因而被称为公开密钥或公钥，解密密钥必须保密因而称作秘密密钥或私钥，这种密码体制叫作公钥密码，由于其加密密钥和解密密钥不再相同，也被称作非对称密码。

1977 年，麻省理工（MIT）的李维斯特（Rivest）、沙米尔（Shamir）和阿德尔曼（Adleman）构造出了第一个公钥密码体制，现在被称之为 RSA 密码算法，RSA 密码算法曾广泛应用于社会各个领域，其构造简单、易于理解，不仅可以用于加密还可用于数字签名，而数字签名则是区块链不可缺少的核心技术。

公钥密码体制一定是建立在一个数学难题之上的。因此，理解公钥密码体制必须先做一点数学知识，主要是初等数论方面的准备，我们以尽量简单、直观的方式叙述这些知识。

一、有关整数运算的基本概念

整除与最大公因数：设 a、b 是两个整数，$b \neq 0$，如果存在整数 q 使得 $a = qb$，称 a 可被 b 整除，或称 b 整除 a，记为 $b \mid a$，这时，称 b 是 a 的因数，a 是 b 的倍数。

【例 2-5】 $3 \mid 24$，即 3 是 24 的因数，24 是 3 的倍数；$7 \mid 21$，即 7 是 21 的因数，21 是 7 的倍数。

如果 c 既是 a 的因数也是 b 的因数，称 c 是 a 和 b 的公因数，a 和 b 的公因数中最大的，称为 a、b 的最大公因数，用 $\gcd(a, b)$ 表示；如果 m 既是 a 的倍数，也是 b 的倍数，称 m 是 a 和 b 的公倍数，a 和 b 的正的公倍数中最小的，称为 a、b 的最小公倍数，用 $\text{lcm}(a, b)$ 表示。

【例 2-6】 1、2、3、6 都是 12 与 30 的公因数，6 是最大公因数；15、30、45 都是 3 和 5 的公倍数，15 是最小公倍数。

互素：如果两个整数 a、b，其最大公因数为 1，称这两个数互素。

【例 2-7】4 与 9 互素，25 与 21 互素。

素数与合数：一个大于 1 的数，如果只有 1 和自身是其因数，其他再无因数，称之为素数。大于 1 的数若不是素数，则称其为合数。

这样，正整数分成了素数、合数和 1 三类。

【例 2-8】2、3、5、7、11、131、139 都是素数。2 是唯一的偶素数，显然，除此之外所有素数均为奇数。

二、模运算

日常生活中我们会遇到很多周期性的计算问题，例如，1 个星期有 7 天，如果星期日算作星期七的话，星期一、星期二……星期七之后又回到了星期一；1 天 24 小时，从 0：00 开始，经过 24 个小时，24：00 回到 0：00；1 年 12 个月，12 月之后又回到 1 月……在这些周期性的现象中，我们往往需要关心经过一个或几个周期以后，最后的余数是几。

【例 2-9】今天是星期二，再过 6 天是星期几呢？2+6＝8，"星期八"就是星期一，8：00 经过 10 个小时是 18：00，再经过 8 小时是"26 点"即 2：00；这种涉及周期的运算，在数学上用"模算术"来描述。这里的"模"表示的就是周期。

先复习一下整数的带余数除法。假设 x 是一个整数，m 是一个正整数，则必存在唯一一对整数 q 和 r 满足：

$$x=qm+r, \qquad 0 \leq r \leq m-1$$

q 称为 x 被 m 除（或说 m 除 x）的商，r 称为余数。

注：余数取值范围一般在 0 到 $m-1$，称为最小非负剩余；如果取 1 到 m，则称为最小正剩余，前面计算"星期"取的就是最小正剩余。如无特别说明，余数均取最小非负剩余，即取在 0 到 $m-1$ 之间。

【例 2-10】53＝6×8+5，因此 53 被 8 除的商是 6，余数是 5。36＝7×5+1，因此，36 被 5 除的商是 7，余数是 1。63＝7×9，因此，63 被 9 除的商是 7，余数是 0。

很明显，x 被 m 除的余数 $r=0$ 当且仅当 $m \mid x$。

用符号 $x \bmod m$ 表示 x 用 m 去除所得的余数，或说 x 关于模 m 的余数。

设 m 是一个正整数，对于整数 x 和 y，如果 $x-y$ 能够被 m 整除，则称 x 与 y 关于模 m 同余，记为 $x \equiv y \pmod{m}$。

【例 2-11】 由于 $10 \mid (12-22)$，故 $12 \equiv 22 \pmod{10}$；$7 \mid (9-2)$，故 $9 \equiv 2 \pmod{7}$；$12 \mid ((20+7)-3)$，$20+7 \equiv 3 \pmod{12}$；同样地，$-12 \equiv 8 \pmod{10}$，$2+(-7) \equiv 5 \pmod{10}$。

容易看出，x 与 y 关于模 m 同余，相当于用 m 除 x 和 y 得到的余数相同，即

$$x \equiv y \pmod{m} \text{ 等价于 } x \bmod m = y \bmod m$$

和同余概念相关，下面定义模算术。设 m 是一个正整数，整数 x 与 y 做加法，然后关于模 m 取余数，即运算结果为 $(x+y) \bmod m$，这样的运算称为模 m 加法。同样地，两个整数 x、y 做乘法以后，关于模 m 取余数，即运算结果为 $xy \bmod m$，称为模 m 乘法。

令 $\mathbf{Z}_m = \{0, 1, 2, \cdots, m-1\}$，$\mathbf{Z}_m$ 中的整数经过模 m 加和模 m 乘以后，仍是 $\mathbf{Z}_m$ 中的整数，因此模 m 加法和模 m 乘法可以视作 $\mathbf{Z}_m$ 上的运算。对于任意 $a \in \mathbf{Z}_m$，$[a+(m-a)] \bmod m = 0$，$m-a$ 称为 a 的负元，记为 $-a \bmod m$，不产生异议的情况下 $\bmod m$ 可以省略。$a+(-b)$ 简记为 $a-b$，于是定义了模 m 减法。特别地，若 p 是一个素数，则 $\mathbf{Z}_p$ 中的非零元都是可逆的，即对每个 $a \in \mathbf{Z}_p$，$a \neq 0$，必存在一个 $b \in \mathbf{Z}_p$，满足：$(ab) \bmod m = 1$，b 称为 a 的逆元，记为 $a^{-1} \bmod m$。在不产生异议的情况下，$a^{-1} \bmod m$ 可以写成 a^{-1} 或 $1/a$，而 $ca^{-1} \bmod m$ 则可以写成 c/a，并将其说成是 c 除以 a。这样，直观地说，在 $\mathbf{Z}_p$ 中具有加、减、乘、除四则运算。$\mathbf{Z}_p$ 上模 p 加法和乘法构成的运算系统，满足抽象代数中域的定义，因而称为 p 元域。

【例 2-12】 $-3 \bmod 11 = 8$，$-9 \bmod 11 = 2$；由于 $2 \times 6 \bmod 11 = 1$，$2^{-1} \bmod 11 = 6$，$6^{-1} \bmod 11 = 2$；同样地，由于 $5 \times 9 \bmod 11 = 1$，$5^{-1} \bmod 11 = 9$，$9^{-1} \bmod 11 = 5$。如果我们明确地是在 $\mathbf{Z}_{11}$ 中讨论问题，在不产生异议的情况下，上面各式可以分别写成：$-3 = 8$，$-9 = 2$，$2^{-1} = 6$，$6^{-1} = 2$，$5^{-1} = 9$，$9^{-1} = 5$。

三、两个数学难题

整数分解问题：就是将一个给定的整数分解为素因子乘积的问题，例如，将 21 分

解为 3×7，将 180 分解为 2×2×3×3×5。整数分解看似简单，实际上当 n 很大又没有小素因子的时候分解是困难的，目前没有有效可行的算法。大整数分解问题中，最难分解的情况出现在大整数 n 是两个相近长度的素数乘积的时候。分解大整数问题现在的最好结果是被称为 RSA-250 的 250 位十进制数（829 比特）于 2020 年 2 月分解。一般认为目前一般性地分解 2048 比特的大整数是不可能做到的。为了给出一点直观的体验，我们把 RSA-250 及其分解写在下面：

RSA-250 = 2140324650240744961264423072839333563008614715144755017797754920881418023447140136643345519095804679610992851872470914587687396261921557363047454770520805119056493106687691590019759405693457452230589325976697471681738069364894699871578494975937497937

RSA-250 = pq

p = 64135289477071580278790190170577389084825014742943447208116859632024532344630238623598752668347708737661925585694639798853367

q = 3337202759497815655622601060535511422794076034476755466678452098702384172921003708025744867329688187756571898625803693206271 1

离散对数求解问题：离散对数是初等数论中另一个计算难题，和大整数分解问题一起构成应用最广泛的密码学基础难题，即便现在主流的椭圆曲线体制，其基础难题也属于离散对数问题。

在中学，已经学过对数的定义，对于实数 a 和 b，如果实数 x 满足 $a^x = b$，称 x 是以 a 为底 b 的对数，记为 $x = \log_a b$。类似地，考虑 p 元域 $\mathbf{Z}_p = \{0, 1, 2, \cdots, p-1\}$，设 a，$b \in \mathbf{Z}_p$，如果整数 $x(0 \leqslant x < p-1)$ 满足

$$a^x \equiv b \pmod{p}$$

称 x 是 $\mathbf{Z}_p$ 上以 a 为底 b 的离散对数，也称为以 a 为底 b 的模 p 离散对数。给定 a，b 求解离散对数 x 的问题称为离散对数求解问题。p 足够大时，一般情况下 $\mathbf{Z}_p$ 上的离散对数问题目前也是难解的，其难度大约与大整数分解相当。

四、欧拉定理与 RSA 密码体制

为讨论 RSA 密码体制，我们还需要引进两个定理。

【**定理 2-1**】（费尔马小定理）设 p 是一个素数，如果 $a \not\equiv 0 \ (\bmod \ p)$，必有

$$a^{p-1} \equiv 1 \ (\bmod \ p)$$

例：$3^4 \equiv 1 \ (\bmod \ 5)$；　　$2^6 \equiv 1 \ (\bmod \ 7)$；　　$4^{10} \equiv 1 \ (\bmod \ 11)$

【**定理 2-2**】（欧拉定理）设 n 是一个正整数，$\varphi(n)$ 表示不超过 n 且与 n 互素的数的个数（称为欧拉函数），则对任意整数 a，若 a 与 n 互素，必有

$$a^{\varphi(n)} \equiv 1 \ (\bmod \ n)$$

例：$\varphi(6) = 2$，5 与 6 互素，$5^{\varphi(6)} = 5^2 \equiv 1 \ (\bmod \ 6)$；

$\varphi(10) = 4$，3 与 10 互素，$3^{\varphi(10)} = 3^4 \equiv 1 \ (\bmod \ 10)$。

对于素数 p，由于 1，2，3，$\cdots$，$p-1$ 都与 p 互素，因而 $\varphi(p) = p-1$，费尔马小定理是欧拉定理的特殊情况。另外，关于欧拉函数，下面还将用到一个计算公式：如果 $n = pq$，则 $\varphi(n) = (p-1)(q-1)$。

有了这些准备，我们可以来介绍第一个也是应用最广泛的公钥密码体制 RSA。

RSA 体制可采用下面步骤建立：

（1）选取两个不同的大素数 p，q；

（2）计算 $n = pq$，$\varphi(n) = (p-1)(q-1)$；

（3）随机选取 $e \in \mathbf{Z}_{\varphi(n)}$，满足 $\gcd(e, \varphi(n)) = 1$；

（4）计算 $d \in \mathbf{Z}_{\varphi(n)}$，使得 $de \equiv 1 \ (\bmod \ \varphi(n))$（即 $d = e^{-1} \bmod \varphi(n)$）。

公开 (e, n) 作为加密密钥，保密 d 作为解密密钥。

加密明文 $m \in \mathbf{Z}_n$：$c = m^e \bmod n$；

解密密文 $c \in \mathbf{Z}_n$：$m = c^d \bmod n$。

算法的公钥是 (e, n)，用于加密，私钥是 d 用于解密。目前认为，利用 e 和 n 计算 d 是困难的。如果敌手 Oscar 利用 (e, n) 这两个公开参数对 n 做因子分解得到 p 和 q，他便能重复上面过程求出解密密钥 d。因此，粗略地说，这个密码方案的安全性，依赖于大整数分解问题的困难性。

解密公式的正确性，是由欧拉定理保证的。对于任意消息 $m \in \mathbf{Z}_n$，如果 m 与 n 互素，根据欧拉定理，$m^{\varphi(n)} \bmod n = 1$，由于 $ed \equiv 1 \ (\bmod \ \varphi(n))$，即 $\varphi(n) \mid (ed-1)$，因而存在整数 q 使 $(ed-1) = q\varphi(n)$，$ed = q\varphi(n) + 1$，从而

$$c^d \bmod n = m^{ed} \bmod n = m^{q\varphi(n)+1} \bmod n = m \cdot m^{q\varphi(n)} \bmod n = m$$

这时解密公式成立。事实上，可以证明即使 m 与 n 不互素，解密公式依然成立，在此不再详细讨论。事实上，在大整数分解问题难解的假设下，m 与 n 不互素这个事件是实际不可能发生的。

为帮助理解，这里给出一个 RSA 加密体制的小例子，当然这是完全不安全的。

【例 2-13】令 $p=5$，$q=11$，计算 $n=5×11=55$，$\varphi(55)=(5-1)×(11-1)=40$。

取 $e=3$，计算 $d=e^{-1}=27$〔在本例子这种小数的情况下，可以利用尝试的方法寻找 d，使得 $ed≡1 \bmod \varphi(55)$〕。最后得到公钥为（55，3），私钥为 27。

如果有明文 $m=5$，加密：$c=m^e \bmod 55 = 5^3 \bmod 55 = 15$。

解密：$m=c^d \bmod 55 = 15^{27} \bmod 55 = 5$。

注：解密时所有公开参数都可用。

目前为止，实用中 n 的长度一般不低于 1024 比特，建议使用 2048 比特。目前甚至较长一段时间内绍尔（Shor）量子算法对 RSA 的破解仅是理论上的，暂时还难以真正看到量子计算机破解实用中的 RSA。量子计算机破解现在的密码体制并非指日可待，还有很长、很艰难的路要走。因而，虽然 RSA 已经逐渐被更安全、效率更高的椭圆曲线密码代替，将来还会有安全性更强的抗量子密码投入使用，但目前为止 RSA 实际上并未被攻破，仍在广泛使用，预计短时间内也不会被攻破。

RSA 出现已经四十余年，由于对长期使用同一种密码会有对安全隐患的担心，也由于椭圆曲线密码体制在效率、密钥长度等方面更具优势，RSA 作为主流密码的地位已经被椭圆曲线密码取代，但由于其简洁性、易用性、安全性，仍不失为一个极有价值的算法，也是公钥密码学必备的入门材料。椭圆曲线密码是当今公钥密码实用中的主流算法，但由于其数学背景相对复杂，本教材后面将尽量简单、直观地进行介绍。

第四节　哈希函数与数字签名

考核知识点及能力要求：

- 理解哈希函数的安全性要求及它们的关系；

- 理解哈希函数检验数据完整性的原理；

- 理解数字签名的概念，掌握 RSA 数字签名算法；

- 理解哈希函数在数字签名中的作用；

- 能用哈希函数对数据进行校验；

- 能结合能力实践一节建立 RSA 数字签名体制，能配合使用哈希函数对文件进行 RSA 签名。

　　公钥密码的出现，大大扩展了密码学的应用范围，现代密码除了可通过加密保证消息的秘密性之外，还用于保证消息的完整性、可认证性、不可抵赖性、可控性等安全特性。其中，保密性也叫机密性，是指保证消息的有用信息不被泄漏；完整性是指消息在传输、存储等各环节没有任何形式的破坏或篡改；可认证性是指保证消息来源是真实的；不可抵赖性保证消息提供者不能在事后对其提供的消息进行否认；可控性是指对消息的访问、使用、处理等权限进行控制。

　　哈希函数和数字签名是公钥密码学的重要分支，主要用于各种认证，是保证消息完整性、可认证性、不可抵赖性等的主要手段。哈希函数和数字签名都不是用来"加密"的，说用哈希函数进行加密概念上是错误的。

一、密码学哈希函数

哈希函数在计算机各领域有广泛应用，密码学中利用哈希函数将任意长的消息映射到固定长度的极短的消息，例如，128 比特、160 比特或 256 比特等，哈希函数的输出称为哈希值。由于哈希值可用来标识原消息或保证原消息的完整性，因而哈希函数也称为摘要算法或指纹算法，相应地，哈希值也称为消息的摘要或指纹，MDx 系列算法名字就来源于消息摘要（Message Digest）的首字母。

密码学中最著名的哈希函数为麻省理工的李维斯特设计的 MDx 系列和美国国家标准技术研究所推出的 SHA 系列。MD4 和 MD5 设计于 20 世纪 90 年代初，均已被破解。MD5 是作为 MD4 的增强版提出的，曾被广泛应用，2004 年被时任山东大学教授的王小云博士破解。美国国家标准技术研究所于 1993 年提出了一种增强版的安全哈希算法 SHA（Secure Hash Algorithm），这个算法后来被称为 SHA-0，现在最新的标准是 SHA-3，但使用最广泛的仍是 SHA-2 和 SHA-1 系列，区块链中常用的 SHA-256 是 SHA-2 系列算法中的一个。

密码学中的哈希函数，在安全性上有三个最基本的要求。

（1）单向性：对于一个哈希函数 h，如果对任意 x，计算函数值 $h(x)$ 容易，而给定函数值 y，计算 x 使其满足 $y=h(x)$，是计算困难的，则称 h 是单向哈希函数。单向性也称原像计算困难。

利用这个单向性，可以用单向哈希函数保护登录网站的密码，即将登录密码的哈希值保存于网站服务器而不是登录密码本身。

（2）第二原像稳固：对于哈希函数 h，如果已知一对 (x, y) 满足 $y=h(x)$，求出 x' 使 (x', y) 满足 $y=h(x')$ 是计算困难的，也就是说，已知哈希值 y 的一个原像 x，求出另一个原像 x' 是困难的，称 h 弱抗碰撞，或第二原像稳固。

哈希函数的第二原像稳固性质，可以用来保证消息的完整性，即保证消息是不可篡改的。对于消息 x，哈希值 $y=h(x)$ 可作为消息 x 的验证码，如果想把消息 x 篡改为消息 x'，而且能够通过验证码 y 的检验，就要使 x' 满足 $y=h(x')$，这相当于求 y 的第二原像。哈希函数的第二原像稳固性质，对防止数字签名被伪造也是必要的，这点将在下面讨论数字签名时给出说明。

（3）抗碰撞性：对于哈希函数 h，如果求任意两个输入 x，x' 使得 $h(x)=h(x')$ 是计算困难的，称 h 是强抗碰撞的（或抗碰撞的）。这样的一对 (x, x') 称为 h 的一对碰撞。

抗碰撞性乍一看与第二原像稳固似乎有些像，但实际上攻破这两个性质所面对的问题难度可能差别巨大。第二原像稳固要求对固定的 x 求出 $y=h(x)$ 的另一个原像计算困难，而抗碰撞性要求随便找到两个值 x 和 x' 使得 $h(x)=h(x')$ 是计算困难的。容易看出，如果后面的问题是困难的，前面的问题自然是困难的，也就是说，如果一个哈希函数是抗碰撞的，则必是第二原像稳固的。事实上，在某些合理假设下，如果哈希函数是第二原像稳固的，则它必是单向的。也就是说，在某些合理假设之下，哈希函数的三个安全性要求从弱到强依次为：单向性、第二原像稳固、抗碰撞性。因此，抗碰撞性是对哈希函数提出的比较严格的安全性要求，满足了抗碰撞性也就满足了其他两个特性，目前把抗碰撞性作为评价一个哈希函数是否安全的准则。

二、数字签名

迪菲和赫尔曼在《密码学新方向》一文中，除了提出公钥密码思想之外，还提出了数字签名的概念。而 RSA 公钥密码体制提出的同时，也同样解决了数字签名问题。

数字签名可以看成是手写签名的数字模仿物，从签名所要求的性质来看，数字签名应该是不可伪造、不可抵赖的，因此签名只能由真实签名人产生，签名人应该独享可以生成有效签名的秘密信息（即私钥）；签名应该是可以公开验证的，即应该有一个公开参数（公钥）验证这个签名是由合法签名人签署的，或说是利用合法私钥签署的。

事实上，上面介绍的 RSA 密码体制，就可以实现数字签名的功能，这里以此开始对数字签名的讨论，RSA 数字签名体制与 RSA 加密体制非常类似。

RSA 数字签名体制：

（1）选取两个不同的大素数 p、q；

（2）计算 $n=pq$，$\varphi(n)=(p-1)(q-1)$；

（3）随机选取 $e \in \mathbf{Z}_{\varphi(n)}$，满足 $\gcd(e, \varphi(n))=1$；

（4）计算 $d=e^{-1} \bmod \varphi(n)$。

公开 (e,n) 作为验证密钥（公钥），保密 d 作为签名密钥（私钥）。

签名：对于消息 $m \in \mathbf{Z}_n$：$s=m^d \bmod n$；

验证：若收到签名消息 (m,s)，

如果 $m=s^e \bmod n$，接受 s 是消息 m 的合法签名。

在 RSA 签名方案中，对于消息 m，签名 $s=m^d \bmod n$ 需要使用保密的签名密钥 d 计算（公开信息 n 和 e 不能求出 d），因而签名只能由签名体制的合法持有人才能产生。利用公开信息 (n,e) 可检验 (m,s) 是否为合法签名。事实上，与 RSA 加密体制的解密公式正确性证明类似，可以证明，签名方程 $s=m^d \bmod n$ 成立，等价于验证方程 $m=s^e \bmod n$ 成立。因此，如果 s 确实是用签名算法产生，则会通过验证。

同 RSA 加密方案一样，通过下面的小例子对数字签名方案做一个直观介绍。

例：令 $p=5$，$q=11$，计算 $n=5×11=55$，$\varphi(55)=(5-1)×(11-1)=40$。

取 $e=3$，计算 $d=e^{-1}=27$。最后得公钥为 $(55,3)$，私钥为 27。

如果有消息 $m=6$，

签名：$s=m^d \bmod 55=6^{27} \bmod 55=41$。签名消息 $(m,s)=(6,41)$。

消息接收者收到签名消息 $(m,s)=(6,41)$，验证：$s^e \bmod 55=41^3 \bmod 55=6$。

RSA 签名体制与 RSA 加密体制，看起来像是一个相反的过程，签名的操作类似用私钥加密，验证的操作则类似用公钥解密，数学关系上确实如此，但在密码学意义上是完全不同的，验证的目的是确定消息的合法性，而不是获取消息的内容。值得注意的是，并非任何公钥密码都有这种类似性，例如，现在主流的椭圆曲线签名算法（Elliptic Curve Digital Signature Algorithm，ECDSA）在数学上就不具有这种性质。

可想而知，实际中需要签名的消息长短不一，一般而言是比较大的文件，完全超出签名算法的处理能力。签名算法一般涉及一些大数的乘积、乘幂等运算，这些运算效率极低，将一个大文件分段签名既是实际不可行的，也是安全性存在隐患的。利用安全哈希函数将欲签名的消息变换为短的固定长度的"消息摘要"进行签名，不仅可极大地提高签名效率，满足对文件签名处理的要求，还可以对文件形成保护，抵抗诸如"存在性伪造攻击"等攻击手段。因而，安全哈希函数与签名算法相结合，是数字签名算法实施的必要手段。在实际应用中,签名算法总是与安全哈希函数联合使用,一般是先对消息 m 进行哈希得到哈希值 $h(m)$,而后,对哈希值 $h(m)$ 进行签名。验证过程随之做相应改变。例如,前面介绍的 RSA 签名方案与哈希函数 h 联合使用,签名操作变为:①计算 $h(m)$;②计算 $s=h(m)^d \bmod n$。验证过程变为:①收到签名消息 (m,s);②计算 $h(m)$;③验证 $h(m)=s^e \bmod n$。

前面介绍哈希函数所需要的安全性时提到,哈希函数的第二原像稳固性质,对防止数字签名被伪造是必要的。现在以使用哈希函数 h 的 RSA 为例进行说明。假如得到一个签名消息 (m,s),如果其能够满足验证方程 $h(m)=s^e \bmod n$,该签名将被接受为合法签名。如果哈希函数的第二原像稳固性质不成立,则可以计算出另外一个消息 m',使得 $h(m')=h(m)$,这时 (m',s) 也将满足验证方程 $h(m')=s^e \bmod n$,从而被接受为合法签名消息,这样就伪造了消息 m' 的数字签名。

RSA 曾是使用最广泛的数字签名算法,但如今椭圆曲线签名算法 ECDSA 已成主流,区块链构造中签名算法一般也会选取 ECDSA,但 RSA 简单易懂,ECDSA 对于非数学专业人士来说则是相当晦涩,因而,本节借助 RSA 理解数字签名的概念。下一节将简要介绍 ECDSA。

第五节　椭圆曲线签名算法简述

考核知识点及能力要求:

- 了解椭圆曲线的概念,了解并能实现椭圆曲线点的加法运算;
- 了解 ECDSA 数字签名标准。

区块链中的签名算法，大多使用国际标准椭圆曲线签名算法 ECDSA，因此在区块链的研发与利用当中，了解 ECDSA 是有益的。但由于椭圆曲线的数学背景过于深奥，在此仅做一个简单、直观的了解，将不对数学原理做介绍，只给出 ECDSA 方案的计算步骤，读者在学会了椭圆曲线点的加法运算后，可以理解并实现 ECDSA。

回顾在中学数学中学过的解析几何，曲线是由方程定义的，例如抛物线、椭圆、双曲线都由一个二次方程定义，因此称为二次曲线。这里的椭圆曲线也是由方程定义，但并不是上面所说的二次曲线。

设 p 是一个大于 3 的素数，如前所述，$\mathbf{Z}_p = \{0, 1, \cdots, p-1\}$ 是 p 元域，$\mathbf{Z}_p$ 中的运算是模 p 加法与模 p 乘法。在 $\mathbf{Z}_p$ 上考虑方程：

$$y^2 = x^3 + ax + b \bmod p \quad \text{其中 } a, b \in \mathbf{Z}_p, 4a^3 + 27b^2 \not\equiv 0 \pmod{p}$$

满足上述方程的点构成的集合

$$E_{(a,b)}(\mathbf{Z}_p) = \{(x,y) \mid y^2 = x^3 + ax + b \bmod p, x, y \in \mathbf{Z}_p\} \cup \{O\}$$

称为 $\mathbf{Z}_p$ 上的一条椭圆曲线，一条椭圆曲线由 $\mathbf{Z}_p$ 上的两个整数 a, b 确定。$E_{(a,b)}(\mathbf{Z}_p)$ 中的元素，称为椭圆曲线上的点。

这里有一点需要注意，除了满足方程的数对 (x, y) 之外，集合中加入了一个特殊点 O，称为无穷远点，在椭圆曲线中起着特殊作用。与之相应，$E_{(a,b)}(\mathbf{Z}_p)$ 中的其他点称为普通点。普通点可以用一个大写字母表示。如果 $P = (x, y)$ 是椭圆曲线 $E_{(a,b)}(\mathbf{Z}_p)$ 中的一个点，称 (x, y) 为点 P 的坐标，并用 $P(x, y)$ 表示。

由于 $\mathbf{Z}_p$ 上只有 p 个整数，$\mathbf{Z}_p$ 上的椭圆曲线是个有限集合，因此它是由一些离散点构成的。下面我们在这个集合上定义一个运算，叫作加法，用普通的加号"+"表示。

按照约定，O 表示椭圆曲线上的无穷远点，设 $P(x_1, y_1)$，$Q(x_2, y_2)$ 为椭圆曲线上的两个普通点，在椭圆曲线上定义加法运算"+"如下：

（1）$O + O = O$；

（2）$P + O = O + P = P$；

（3）如果 $y_1 = -y_2$，$P + Q = Q + P = O$；

（4）如果 $y_1 \neq -y_2$，$P + Q$ 为如下定义的点 $R(x_3, y_3)$：

$$x_3 = \lambda^2 - x_1 - x_2, \quad y_3 = \lambda(x_1 - x_3 - y_1)$$

$$\text{其中，}\lambda = \begin{cases} \dfrac{y_2 - y_1}{x_2 - x_1} & P \neq Q \\[3mm] \dfrac{3x_1^2 + a}{2y_1} & P = Q \end{cases}$$

利用上面定义的公式，可以计算椭圆曲线中任意两点的和。

【例 2-14】写出 $\mathbf{Z}_{11}$ 上的方程 $y^2 = x^3 + x + 6 \bmod 11$ 确定的椭圆曲线。

解：按照定义，$E(\mathbf{Z}_{11}) = \{(x,\ y)\ |\ x,\ y \in \mathbf{Z}_{11},\ y^2 = x^3 + x + 6 \bmod 11\} \cup \{O\}$。

由于 11 是个小整数，$E(\mathbf{Z}_{11})$ 中只有非常少的点，在这种情况下，我们可以用枚举的方式逐个求出其中的普通点。

对第一个坐标分量进行枚举，取 $x = 0$，代入方程得 $y^2 = 6 \bmod 11$，逐一验证第二坐标 y，取 $y = 0$，1，2，$\cdots$，10，计算可知，均不满足方程，因而当 $x = 0$ 时方程 $y^2 = x^3 + x + 6 \bmod 11$ 无解。

取 $x = 1$，代入方程得 $y^2 = 8 \bmod 11$，类似地逐一验证 $y = 0$，1，2，$\cdots$，10 可知方程无解；

取 $x = 2$，代入方程得 $y^2 = 16 \bmod 11 = 5$，逐一验证 $y = 0$，1，2，$\cdots$，10 可知，方程有两个解，$y = 4$，7，因而 $(2,\ 4)$，$(2,\ 7) \in E(\mathbf{Z}_{11})$。

依次测试 $x = 3$，4，$\cdots$，10，得到 $E(\mathbf{Z}_{11})$ 的所有非无穷远点，从而得

$$E(\mathbf{Z}_{11}) = \{(2,\ 4),\ (2,\ 7),\ (3,\ 5),\ (3,\ 6),\ (5,\ 2),\ (5,\ 9),\ (7,\ 2),$$
$$(7,\ 9),\ (8,\ 3),\ (8,\ 8),\ (10,\ 2),\ (10,\ 9),\ O\}$$

【例 2-15】利用椭圆曲线加法公式，在上述椭圆曲线中计算 $(x,\ y) = (2,\ 4) + (5,\ 9)$。

根据加法公式，先要计算 λ：

$\lambda = (y_2 - y_1)/(x_2 - x_1) = (9-4)/(5-2) \bmod 11 = 5 \times 3^{-1} \bmod 11 = 5 \times 4 \bmod 11 = 9$；

代入计算坐标的公式，有：

$$x = \lambda^2 - x_1 - x_2 = 9^2 - 2 - 5 \bmod 11 = 8；$$

$$y = \lambda(x_1 - x) - y_1 = 9 \times (2 - 8) - 4 \bmod 11 = 8；$$

因此，$(2,\ 4) + (5,\ 9) = (8,\ 8)$。

设 $E(\mathbf{Z}_p)$ 是 $\mathbf{Z}_p$ 上的一条椭圆曲线，对于上面定义的椭圆曲线上的加法，通过验

证可以知道，满足如下性质：

设 P，Q，R 是椭圆曲线上的任意三个点，则

结合律：$(P+Q)+R=P+(Q+R)$；

交换律：$P+Q=Q+P$；

有零元：$P+O=P$；

有负元：对于椭圆曲线上的点 $P(x，y)$，$P'(x，-y)$ 必定在椭圆曲线中，且 $P(x，y)+P'(x，-y)=O$。

基于以上运算性质，数学上称椭圆曲线在加法运算下形成一个加法群。

在椭圆曲线上定义加法以后，我们来讨论 ECDSA。首先定义椭圆曲线上的离散对数问题。

假设 P，Q 是椭圆曲线 $E_{a,b}(\mathbf{Z}_p)$ 上的两点，求正整数 n 使得 $Q=nP$，称为椭圆曲线 $E_{a,b}(\mathbf{Z}_p)$ 上的离散对数问题，P 称为离散对数的底或基点。椭圆曲线上的离散对数问题求解非常困难，只有纯指数型算法。这就意味着，在同样安全性要求下，椭圆曲线密码算法比 RSA 体制可以选取小得多的参数，从而具有效率上的优势。

另外，按照抽象代数的概念，我们定义满足 $nP=O$ 的最小正整数 n 为 P 的阶，记为 $|P|$。

ECDSA 标准算法中，素数域 $\mathbf{Z}_p$、椭圆曲线 $E_{a,b}(\mathbf{Z}_p)$、基点 G 等，按照标准中推荐的参数选择即可，因此这里假设已经选定了。

ECDSA 算法密钥建立：

取 $d\in\mathbf{Z}_n$，计算 $P=dG$，其中 n 是 G 的阶，是一个素数。

除公开的系统参数 p，n，$E_{a,b}(\mathbf{Z}_p)$，G 外，P 公开作为公钥，d 保密作为私钥。

签名：

ECDSA 签名选用标准哈希函数 SHA-1。

首先，对待签名消息 m' 做哈希：$m=SHA-1(m')$

（1）随机选取 $k\in\mathbf{Z}_n$，计算 $(x，y)=kG$；

（2）$r=x \bmod n$；

（3）$s=k^{-1}(m+rd) \bmod n$。

签名消息为 $(x; (r, s))$。

验证：

（1） $u_1 = s^{-1} m \bmod n$；

（2） $u_2 = s^{-1} r \bmod n$；

（3） $(x_1, y_1) = u_1 G + u_2 P$；

（4） 若 $x_1 \bmod n = r$，验证通过。

对于 ECDSA 许多标准化组织都公布了自己的候选参数，目前应用最广泛的是 NIST 标准，也有人选取 "高效密码标准化组织（Standards for Efficient Cryptography Group, SECG）" 推荐的曲线。曲线的选择完全可根据实际背景与喜好，技术上没有差别。

第六节 国产密码

考核知识点及能力要求：

- 了解国密算法标准。

国家商用密码算法简称国密算法，已经形成了一系列标准，关于这些标准的一般信息可以在国家密码管理局网站查到。目前应用比较广泛的国密算法有 SM1、SM2、SM3、SM4、SM9、ZUC 等 6 种算法。SM1 是对称算法，不公开具体算法细节，只以专用算法芯片的方式提供应用。

2012 年 3 月，国家密码管理局正式将 SM2，SM3，SM4，ZUC 算法列为行业标准，并发文公布。分别为：GM/T 0003—2012《SM2 椭圆曲线公钥密码算法》、GM/T 0004—2012《SM3 密码杂凑算法》、GM/T 0002—2012《SM4 分组密码算法》、GM/T

0001—2012《祖冲之序列密码算法》。基于椭圆曲线的公钥密码算法 SM2，支持签名、加密、密钥协商，签名类比于国际标准 ECDSA（p-256），密钥协商类比于 ECDH。SM2 数字签名算法于 2017 年 11 月成为 ISO/IEC 国际标准。SM3 是一个哈希算法，输出长度是 256 比特，类比于国际标准 SHA-1，2018 年 10 月，SM3 算法正式成为 ISO/IEC 国际标准。SM4 是一个对称密码算法，类比的是高级加密标准 AES-128 算法。祖冲之算法（ZUC）是序列密码算法，包括机密性算法和完整性算法，ZUC 于 2011 年 9 月成为新一代宽带无线移动通信系统（LTE）国际标准，是第一个成为国际标准的国密算法。2020 年 4 月，ZUC 算法正式成为 ISO/IEC 国际标准。

2016 年 3 月，国家密码管理局下文，发布 GM/T 0044—2016《SM9 标识密码算法》，批准 SM9 为行业标准。SM9 是基于标识的密码算法，包括数字签名、密钥交换、密钥封装和公钥加密算法。2017 年 11 月，SM9 数字签名算法正式成为 ISO/IEC 国际标准，2021 年 2 月，SM9 加密算法正式成为 ISO/IEC 国际标准。

近年来，我国在密码标准制定方面取得了长足进步，在密码应用的各方面产生了一大批高质量的国家或行业密码标准算法，多个具有核心密码功能的算法已经走向世界成为 ISO/IEC 系列国际标准。

第七节　比特币系统的区块链密码学结构

考核知识点及能力要求：

• 通过比特币系统，了解密码技术在区块链中的应用。

比特币系统是一个具有新型结构及运行机制的信息系统，其数据结构是基于密码技术构造的，其运行机制是通过密码技术与 P2P 网络支撑的。本节简述比特币系统的区块链结构形成及运行过程，侧重于体现密码技术的应用而简化比特币系统的技术实现，突出关键性结构及操作而忽略细节，较直观地展示前几节介绍的密码技术在区块链中的应用及作用。

比特币系统主要使用了哈希函数和数字签名两项密码技术，使用的哈希函数是国际标准哈希函数 SHA-256 和比利时鲁汶大学学者开发的哈希函数 RIPEMD160，使用的数字签名算法是国际标准签名算法 ECDSA。

比特币系统中的用户需要建立一个或多个"账户地址"，为此，首先利用标准椭圆曲线签名算法 ECDSA 建立一对签名/验证密钥 (sk/vk)。这个"密钥对"原则上由拥有者随机产生。对其中的公钥 vk 利用哈希算法 SHA256 和 RIPEMD160 连续进行哈希 RIPEMD160 ($SHA256(vk)$)，产生一个 160 比特的哈希值，将哈希值进行 Base58Check 编码，就得到一个比特币账户地址。账户地址的建立由用户在本地完成，账户地址与其拥有者的对应关系不为他人所知，因此有某种程度的匿名性，账户地址可以看成其拥有者的假名。

假如 Alice 和 Bob 分别建立了账户地址 A 和 B，且账户地址 A 中有未花费的 a 个比特币，则 Alice 可以通过签署一个转账记录将其中 $x(x \leqslant a)$ 个比特币转移到账户地址 B 中。这样一条转账记录称为一条"交易"。比特币系统中，交易的形式有标准模式，在此仅给出一个示意性的描述：

(A→B，x，A 对应的公钥 vk，花费规则，Alice 用 A 对应私钥 sk 对交易的签名)

这条交易中账户地址 A 可以利用 A 对应的公钥 vk 通过计算哈希进行验证，Alice 用 A 对应私钥 sk 对交易的签名可以通过 A 对应的公钥 vk 验证，如果验证通过，说明该交易确实是由转出账户地址 A 的拥有者签发的交易，如果满足其他要求的限制，便可认定为一条合法交易。

比特币中的一个区块，由区块头和区块体组成，区块体存储以梅克尔树形式组织的交易数据，区块头存储必要的参数，如前块区块头的哈希值、系统版本号、区块高度、交易数据梅克尔树的根节点等。特别地，有一个随机字段 nonce，用来作为工作量证明，证明区块的"合法性"。各合法区块头通过将前区块头哈希值写入下个区块头形成一个哈希链。如图 2-7 所示。

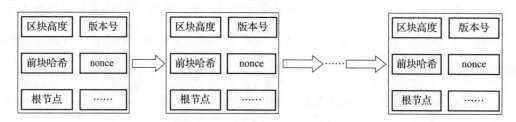

图 2-7　比特币区块链示意图

要使一个区块"合法",就是要找到适当的随机数 nonce 使得该区块头经过两次 SHA256 哈希后的值"足够小"。挖矿过程就是寻找合法 nonce 的过程。这里的"足够小"由难度系数确定,当难度系数为 1 的时候,相当于要求哈希值的前 32 比特是 0。难度系数按照平均每 10 min 产生一个区块的生产速度进行控制,目前的难度系数已经达到 25046487590083,大约相当于哈希值的前 76 比特是 0。

区块链中的第一块,称为创世块,在这之前不存在比特币,更没有交易,因此其区块头中前块哈希是空的,交易只有一笔,即挖取该块所获得的奖金放到指定账户地址,这个交易称为 coinbase。创世块大致结构如图 2-8 所示。

摘要					
高度	0	版本	1	块哈希	000000000019d6689c085ae165831e934ff763ae46a2a6c172b3f1b60a8ce26f
确认数	684,045	难度	2.54 K / 1.00	前一个块	N/A
大小	285 Bytes	Bits	0x1d00ffff	后一个块	00000000839a8e6886ab5951d76f411475428afc90947ee320161bbf18eb6048
Stripped Size	285 Bytes	Nonce	0x7c2bac1d	Merkle Root	4a5e1e4baab89f3a32518a88c31bc87f618f76673e2cc77ab2127b7afdeda33b
Weight	1,140	播报方	unknown		
数量	1	时间	2009-01-04 02:15:05		

图 2-8　比特币区块链创世块

当创世块产生以后,比特币也就随之产生,该块的交易中指定账户地址被转入 50 个比特币。下面就进入了区块链生成的一般过程:挖矿。

假设比特币区块链已经形成,而且有一些交易存储于交易池中,现在的区块高度为 i,要产生第 $i+1$ 块,首先从交易池中选择一些交易进行打包,即将交易通过梅克尔树进行组织,生成根节点,将根节点放入区块头。然后,填入区块头的其他参数,其中 nonce 填入任何随机数。对区块头信息进行两次 SHA256 哈希,如果哈希值不能

"足够小",重新选取 nonce,一直进行下去,直到哈希值"足够小",即满足难度要求,则得到一个合法区块,该区块将会被验证合法性并加入区块链,成为高度为 $i+1$ 的区块。该区块的生成者(矿工)通过 coinbase 交易得到区块奖金,同时还可从区块所含的交易中获得一些手续费。图 2-9a 是比特币区块链中第 66666 个区块,图 2-9b 是其中的一笔交易。

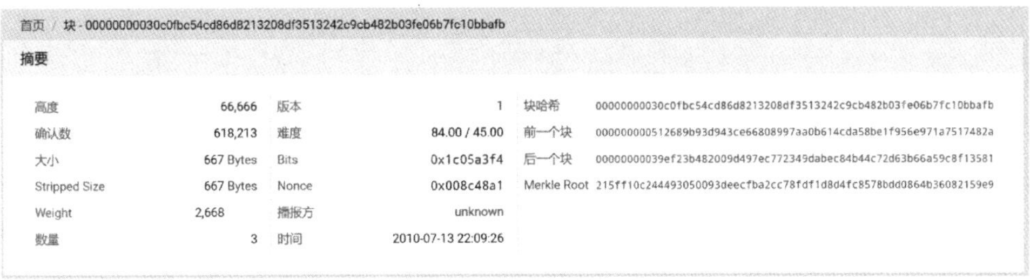

a)

b)

图 2-9　比特币区块信息
a) 比特币区块链中第 66666 个区块　b) 比特币区块链第 66666 个区块中的一笔交易

上面比特币的区块链形成过程,展示了密码技术在区块链形成中的作用。比特币中,账户地址是通过数字签名方案和哈希函数产生的,一笔交易要经过数字签名保证合法性,交易数据是通过梅克尔树组织的,区块的合法性是通过尝试各种 nonce 进行哈希保证的。这里需要注意,哈希函数的安全特性决定了合法 nonce 唯有通过随机尝试才能获得,而不能通过更"巧妙"的方法廉价获得。

第八节 能力实践

考核知识点及能力要求：

- 理解本节给出的基础性算法；

- 能实现本节给出的基础性算法；

- 能利用本节给出的算法在较小模数下建立 RSA 示意性密码系统；

- 能利用开源资源完成密码算法实现、加密、完整性认证、数字签名等操作。

前面几节简单介绍了区块链所涉及的一些基本密码学知识，本节考虑密码体制建立与应用中所涉及的一些基本算法。公钥密码体制中，基本运算是大整数（如 1 024 比特）的加法与乘法，本节以这两种基本运算为基础，主要介绍模乘幂、素性检测、欧几里得算法及扩展欧几里得算法、中国剩余定理等几个常用算法。这些算法有很多资源是开源的，读者可以自行在网上搜索。

1. 乘幂运算

给定整数 a 与 b，正整数 n，计算 $b=a^n$。

注：密码学中的整数加法与乘法，往往是前面定义的模加与模乘，为符号上的简洁，这里不写出运算的模。

直接将 n 个 a 相乘，在 n 是大数时是不可行的，这样计算的复杂度关于问题的输入长度是指数型的。计算乘幂，一般采用逐次乘方法（或称"平方-乘"方法）。

逐次乘方法 Square-and-Mutiply（a，n）

将 n 分解成二进制数，$n=d_k\cdots d_1d_0$

$b=1$

for $i=k$ to 0

$b=b\times b$

if $d_i=1$，$b=b\times a$

return（b）

2. 素性检测

素性检测意思是判断一个整数 n 是否为素数。最直观的方法是用每个大于 1 小于 n 的正整数去除 n（事实上用 1 到 $\sqrt{n}$ 之间的整数去除就可以），则按照素数定义，如果全都不能除尽（即不能整除），则 n 是素数，否则不是素数。但这种方法在 n 是大数的时候，是不可行的，对于输入长度具有指数复杂度。

下面介绍的 Rabin 算法，是一个简单有效的概率素性检测算法。

回想费尔马小定理，如果 n 是素数，则对任意满足 $0<a<n$ 的 a，$a^{n-1}\equiv 1$（mod n）。但是，反之不一定成立，也就是说，如果对于某个 a，$a^{n-1}\equiv 1$（mod n）成立并不能断定 n 是素数。虽然如此，当 n 不是素数时，$a^{n-1}\equiv 1$（mod n）成立的可能性不大。事实上，可以证明，对于大于 1 的奇合数，随机选取 a，$1<a<n$，同余式 $a^{n-1}\equiv 1$（mod n）成立的概率不超过 1/2。因而，对于奇合数 n，随机选取 k 个 a，$a^{n-1}\equiv 1$（mod n）对所有 a 都成立的概率不超过 $1/2^k$，当 k 足够大时，这是一个实际不可能事件，因而可以以 $1/2^k$ 的误判率概率性地断定，n 是素数。按照这个思路，可以构造如下素性检测算法。

简化 Rabin 算法 Simplied-Rabin（n）

$i=0$

Do while $i<k$

　　{随机选取 $a\in\{1，2，\cdots，n-1\}$，

if $a^{n-1} \not\equiv 1 \pmod{n}$

　　$\{$output "n is composite"，end$\}$

　$i = i+1\}$

output "n is prime"

对上面算法进行优化，得到下面 Miller-Rabin 算法。

Miller-Rabin 算法 Miller-Rabin（n）

将 $n-1$ 写成 $n-1=2^k m$ 的形式，其中 m 为奇数

随机选取整数 a，$1<a<n$

$b = a^m \bmod n$

if $b \equiv 1 \pmod{n}$，then return "n is prime"

for $i=1$ to $k-1$

　$\{$if $b \equiv -1 \pmod{n}$，

　　then return "n is prime"

　　else $b = b^2 \bmod n\}$

return "n is composite"

　　这里，我们在算法的描述中只给出了选取一个 a 的形式，实用中可根据具体情况选取多个 a（如 128 个 a），以使误判率降低到足够小。

　　Miller-Rabin 算法在实际应用中是一个常用的素性检测算法，简单有效。密码体制中需要随机大素数时，采取的寻找方法一般是首先随机选取大整数，然后利用 Miller-Rabin 算法（或其他素性检测算法）进行素性检测，直到找到需要的大素数。

3. 欧几里得算法和扩展欧几里得算法

　　欧几里得算法，或称求最大公因数的辗转相除法，是中小学时期就学习的算法，是一个非常基础的算法。

　　给定正整数 a，b，要求 a，b 的最大公因数，不妨设 $b<a$，用 b 去除 a，得

$$a=q_1b+r_2, \qquad 0<r_2<b$$

如果 r_2 不为 0，再用 r_2 去除 b，得

$$b=q_2r_2+r_3, \qquad 0<r_3<r_2$$

……一直这样辗转相除下去，每一步余数都严格减小，因而必在某一步余数减为 0。
辗转相除的整个过程如下（为符号统一起见，记 $r_0=a$，$r_1=b$）：

$$r_0=q_1r_1+r_2, \qquad 0<r_2<r_1$$

$$r_1=q_2r_2+r_3, \qquad 0<r_3<r_2$$

$$r_2=q_3r_3+r_4, \qquad 0<r_4<r_3$$

$$\cdots\cdots$$

$$r_{i-2}=q_{i-1}r_{i-1}+r_i, \qquad 0<r_i<r_{i-1}$$

$$\cdots\cdots$$

$$r_{k-2}=q_{k-1}r_{k-1}+r_k, \qquad 0<r_k<r_{k-1}$$

$$r_{k-1}=q_{k-1}r_k$$

这时，$(a,b)=r_k$

欧几里得算法 Euclidean Algorithm (a,b)

$r_0=a$，$r_1=b$

$q=\left\lfloor \dfrac{r_0}{r_1} \right\rfloor$

$r=r_0-qr_1$

while $r>0$

$\qquad \{r_0=r_1,\ r_1=r,\ q=\left\lfloor \dfrac{r_0}{r_1} \right\rfloor,\ r=r_0-qr_1\}$

$r=r_1$

return (r)

上面的算法可以求出两个正整数 a，b 的最大公因数，进一步扩展，可以得到对于正整数 m，求模 m 逆元的扩展欧几里得算法。

假设 m 是一个正整数，a 是小于 m 的正整数，用 a 除 m 并辗转相除。这里记 $r_0 = m$，$r_1 = a$，辗转相除过程与前面类似。

如果 a 与 m 互素，即 $\gcd(a, m) = 1$，这时 $r_k = 1$。

按照上述过程，对于各余数可写出如下递推式：

$$r_2 = m - q_1 a \equiv -q_1 a \pmod{m} \equiv t_2 a \pmod{m}$$

$$t_2 \equiv -q_1 \pmod{m}$$

$$r_3 = a - q_2 r_2 \equiv a - q_2 t_2 a \pmod{m} \equiv t_3 a \pmod{m}$$

$$t_3 \equiv 1 - q_2 t_2 \pmod{m}$$

$$\cdots\cdots$$

$$r_i = r_{i-2} - q_{i-1} r_{i-1} \equiv t_{i-2} a - q_{i-1} t_{i-1} a \pmod{m} \equiv t_i a \pmod{m}$$

$$t_i \equiv t_{i-2} - q_{i-1} t_{i-1} \pmod{m}$$

$$\cdots\cdots$$

$$r_k \equiv r_{k-2} - q_{k-1} r_{k-1} \equiv t_{k-2} a - q_{k-1} t_{k-1} a \pmod{m} \equiv t_k a \pmod{m}$$

$$t_k \equiv t_{k-2} - q_{k-1} t_{k-1} \pmod{m}$$

由于 $r_k = 1$，故 $1 \equiv t_k a \pmod{m}$，因而 $t_k = a^{-1} \bmod m$。将上述递推过程与欧几里得算法合并，得到计算 $a^{-1} \bmod m$ 的扩展欧几里得算法。

扩展欧几里得算法 Extended Euclidean Algorithm (a, m)

$r_0 = m$，$r_1 = a$，$t_0 = 0$，$t = 1$

$q = \left\lfloor \dfrac{r_0}{r_1} \right\rfloor$

$r = r_0 - q r_1$

while $r > 0$

$\quad \{ temp = t_0 - qt,\ t_0 = t,\ t = temp,\ r_0 = r_1,\ r_1 = r,\ q = \left\lfloor \dfrac{r_0}{r_1} \right\rfloor,\ r = r_0 - q r_1 \}$

$r = r_1$

return (r, t)

这个算法用来计算最大公因数 $r=\gcd(a,\ m)$ 和 $t=a^{-1}\bmod m$。如果 r 不等于 1，则 a 的逆不存在，t 没意义。

4. 中国剩余定理

考虑同余方程：

$$
\begin{cases}
x \equiv a_1 \pmod{m_1}\\
x \equiv a_2 \pmod{m_2}\\
\qquad\vdots\\
x \equiv a_k \pmod{m_k}
\end{cases}
$$

其中，m_1，m_2，$\cdots$，m_k 两两互素。

记 $M=m_1 m_2 \cdots m_k$，$M_i=M/m_i$，则 $\gcd(M_i,\ m_i)=1$，记 $Y_i=M_i^{-1}\bmod m_i$，容易验证，

$$Y_i M_i \equiv 0 \bmod m_j \qquad (j=1,\ 2,\ \cdots,\ k,\ j\neq i)$$

$$Y_i M_i \equiv 1 \bmod m_i$$

因而，

$$x=Y_1 M_1 + Y_2 M_2 + \cdots + Y_k M_k \bmod M$$

是上述同余方程的解。

这个结论称为中国剩余定理。利用中国剩余定理求解上述同余方程的步骤总结如下：

（1）计算 $M=m_1 m_2 \cdots m_k$，$M_i=M/m_i$；

（2）利用扩展欧几里得算法求 $Y_i=M_i^{-1}\bmod m_i$；

（3）组合 $x=a_1 Y_1 M_1 + \cdots + a_k Y_k M_k \bmod M$。

本节介绍了密码学中最常用的几个算法，利用这些算法就可以建立起基本的公钥密码体制，如 RSA 等。作为帮助理解和掌握基本密码算法的练习，建议利用这些算法在较小整数范围内（如 32 比特的整数）建立 RSA 密码体制。当然，这些密码体制是不安全的。实用中的密码体制一般会涉及 1024、2048 比特的大整数，各种密码体制所需要的算法及密码体制本身，网上有大量的开源资源，建议参阅这些开源资源，在理解原理的基础上熟练使用各种模块。另外 AES 也有许多开源的资源，应该熟练使用这

些加密模块，完成需要的加密任务。

思考题

1. 以下是利用移位密码（广义凯撒体制）加密的一段密文，请破译。

BJMTQIYMJXJYWZYMXYTGJXJQKJANIJSYYMFYFQQRJSFWJHWJFYJIJVZFQ

2. 以 26 个英文字母为背景，构造一个代换密码体制，并用它加密一段消息。

3. 利用开源代码对一个消息进行 AES 加密。

4. 选取短整数，如不超过 64 比特的整数，构建一个示意性 RSA 数字签名体制。

5. 利用开源资源，完成一个 RSA 签名体制构造，并用其对某个消息签名。

6. 利用开源资源，完成一个 ECDSA 签名体制构造，并用其对某个消息签名。

第三章
共识算法

共识是分布式系统中的一个基本问题，要求系统中多主体间就单个数值或者提案达成一致。解决共识问题需要协调整个过程并处理有限数量的错误进程，因此共识算法必须具有容错性或弹性。区块链作为一种按时间顺序存储数据的分布式系统，其目标是使所有的诚实节点保存一致的视图或状态。共识算法是区块链技术的重要组件，区块链根据用途可适配不同的共识机制。

第一节 基本知识

考核知识点及能力要求：

• 了解分布式系统共识算法发展历史；

• 理解分布式系统面对的问题及挑战。

一、共识算法简史

1975 年阿克云卢、埃卡纳德汉姆和胡贝尔在论文《网络通信设计中的一些制约因素和权衡问题》中首次提到了"两军问题"（Two Generals' Problem）——通信双方通过派遣信使达成一致的行动——并证明该问题无解。1978 年，吉姆·格雷在《关于数据库操作系统的说明》一文中将该问题命名为"两军悖论"。该文献被广泛用作两军问题及其不可能性证明的参考文献。

1978 年美国国家航空航天局（NASA）资助了 SRI International 计算机科学实验室的软件实现容错（Software Implemented Fault Tolerance，SIFT）项目。SIFT 项目基于使用多台通用计算机的想法，这些计算机将通过成对的消息传递进行通信以达成共识，即使其中一些计算机出现故障。罗伯特·肖斯塔克开始构思此问题并将其正式化，称为"交互式一致性"问题。在项目开始时，并不清楚要容错 n 台故障计算机所需的计算机总数。经过罗伯特·肖斯塔克、马歇尔·皮斯、莱斯利·兰伯特三人的努力给出了初步的答案，1980 年三人将其成果发表在论文《在有缺陷的情况下达成协议》

中。为了使"交互式一致性"问题更容易理解，莱斯利·兰伯特编写了一个故事，描写一群将军制订了进攻敌对城市的计划。最早的故事使用的是阿尔巴尼亚军队，之后杰克·戈德堡建议改名为拜占庭。1982 年上面提到的三位作者发表了包含这个故事的论文《拜占庭将军问题》，文中给出了基于口头消息和签名消息的两种解决方法。

1985 年迈克尔·J. 费舍尔、南希·林奇、迈克·帕特森共同发表了论文《一个错误的过程不可能达成分布式共识》，提出了 FLP 不可能原理，即在完全异步的系统中，只要有一个进程可能发生故障，那么就无法保证在有限时间内可以使所有进程达成一致。

1988 年布瑞恩·奥基和芭芭拉·利斯科夫共同发表了论文《视图标记复制：支持高可用分布式系统的新主复制方法》，提出了视图标记复制（Viewstamped Replication，VR）一致性算法，采用主机-备份（Primary-Backups）模式，所有数据操作都必须通过主机进行，然后复制到各备份机器以保证一致性。1990 年莱斯利·兰伯特提出了一种基于消息传递的一致性算法 Paxos，这是一种基于消息传递且具有高度容错特性的共识（Consensus）算法。由于其论文《兼职议会》对 Paxos 算法的描述不好理解，直到 1998 年才通过评审而正式发表。Paxos 算法获得了广泛的认可，现在已经衍生出 Paxos 算法家族。因为 VR 和 Paxos 算法都不考虑可能出现消息篡改即拜占庭错误的情况，因此这两种是非拜占庭容错算法，也叫崩溃容错（Crash Fault Tolerant，CFT）算法。

1993 年辛西娅·德沃克和莫尼·纳尔在学术论文《通过处理或打击垃圾邮件的方式定价》中提出了工作量证明的想法，可以用来解决垃圾邮件问题。一般要求用户进行一些耗时的复杂运算，并且运算结果容易验证，以此消耗的时间、设备与能源作为担保成本，以确保服务与资源是被真正的需求方所使用。PoW 为后面比特币的出现奠定了一个方面的基础。

实用拜占庭容错算法提供了高性能的拜占庭状态机复制，以仅仅增加毫秒级延迟的极小代价每秒处理数千个请求。实用拜占庭容错算法主要解决早期的拜占庭容错算法效率低下的问题，使得拜占庭容错算法在实际应用中变得可行。

在 2000 年的分布式计算原理研讨会（PODC）上，加州大学柏克莱分校的计算机科学家埃里克·布鲁尔提出了一个猜想，即对于一个分布式计算系统来说，不可能同时满足一致性、可用性和分区容错性，这就是后来有名的 CAP 定理。2002 年麻省理工学院的南希·林奇和赛斯·吉尔伯特发表了埃里克·布鲁尔（Eric Brewer）猜想的证明，使之成为一个定理。

2008 年中本聪发表了作为比特币奠基的论文《比特币：一种点对点的电子现金系统》。之后使用 PoW 共识算法的比特币主网开始运行，从此开启了区块链共识算法研究的序幕。

二、分布式系统

1. 分布式系统定义

分布式系统（Distributed System）指的是由物理上分散的计算机构成的计算机网络，目的是通过计算机之间的相互协作解决更大规模的计算问题，这些计算机也被称为节点。分布式系统通常需要满足下面两条属性：

（1）网络中的计算机是自主的计算实体并独立存在，并且拥有独立的存储空间。

（2）它们之间通过消息传递的方式进行通信。

2. 分布式系统模型

分布式系统分为时序模型和故障模型。

时序模型考虑系统对时间的假设，又分为同步系统和异步系统。在同步系统中，进程所执行的每一个步骤都有确定的时间界限，每一条消息都会在确定的时间内被发送或接收。可以进行超时（Timeout）设置用以检测节点故障，如此能够简化模型设计。在异步系统中，进程所执行的每一个步骤是任意时间长度的，消息也可能会在任意长的时间后被发送或接收，这就增加了系统的复杂性。现实世界中的通信场景通常是异步系统，异步系统比同步系统更复杂，但对同步系统建模仍然有价值，可用来进行理论分析和测试。

分布式系统的故障通常出现在节点和信道上。故障模型考虑故障的性质，又分为崩溃故障（Crash Failure）、遗漏故障（Omission Failure）、时序故障（Timing Failure）和拜占庭故障（Byzantine Failure）。其中拜占庭故障指存在恶意节点的情况，其可能发送错误消息或者篡改消息，所有的区块链应用都要面对这类故障。

3. 分布式系统体系结构

分布式系统体系结构通常有下面几种实现方式：

（1）客户端–服务器（Client-server）；

（2）三层（Three-tier）；

（3）n 层（n-tier）；

（4）点对点。

在点对点体系结构中，没有设置特定的服务器，所有的节点既可以充当客户端，也可以充当服务器，这也被称为对等网络。比特流和比特币就是这种情况。

三、一致性问题

一致性是指分布式系统中的多个节点经过相同的一系列操作达成相同的结果，这是分布式领域最基本的问题，也是分布式系统所要实现的目标。

"一致性"和"共识"并不是同一个概念。文献中对共识问题与一致性问题的描述非常接近，经常用来相互解释，此二者在侧重点上有所不同，前者侧重于分布式系统达成一致性结果的过程和算法实现，后者侧重于经过共识过程所达成的稳定状态。

例如，在一个分布式数据库系统中，如果各节点的初始状态一致，而且每个节点所执行的指令序列相同，那么它们最终会达成一致的状态。为保证每个节点执行相同的指令序列，在执行每一条指令时都要经过"共识"。"共识"的目的就是为了确保分布式系统状态的"一致性"。

四、容错算法

在分布式系统中，根据系统对故障组件的容错能力分为崩溃容错算法（Crash Fault Tolerant，CFT）和拜占庭容错算法（Byzantine Fault Tolerant，BFT），其中关键的区别在于是否假设系统中存在拜占庭节点，即恶意节点。分布式系统要达成一致性状态，是否容错拜占庭节点，其共识算法的设计大不相同。区块链系统处在一个更加开放的网络环境下，必须考虑拜占庭节点作恶的情况。前面"共识算法简史"部分提到的视图标记复制算法 VR 属于 CFT 算法，而实用拜占庭容错算法，工作量证明属于 BFT 算法。

五、问题挑战

现实中的分布式系统都是异步系统，处于比较复杂的环境条件下，为了达成"一致性"的状态，往往要面对下面的问题挑战：

（1）网络存在时延、吞吐率低。

（2）信道不可靠、信息丢失。

（3）所发出的消息不能在预期的时间内到达。

（4）机器上的时钟、时钟漂移率精度不够。

（5）机器宕机，进程崩溃。

（6）节点恶意篡改数据。

分布式系统所要面对的这些挑战，更深层次的问题来源有以下几个方面：

（1）并发性（Concurrence）：多个程序（进程、线程）并发执行，共享资源。

（2）没有全局时钟（Global Clock）：每个机器有各自的时间，没有办法做到统一，程序间的协调靠交换消息。

（3）故障独立性（Independent Failure）：一些进程出现故障，并不能保证其他进程都能知道。

第二节　分布式系统共识问题

考核知识点及能力要求：

• 熟悉共识的三个基本问题假设；

- 理解区块链共识算法的要求；

- 了解 FLP 不可能原理和 CAP 理论。

一、共识问题

在分布式系统中，共识指在部分节点故障、网络延时、网络分区甚至有恶意节点故意破坏的情况下，所有正常节点对提案中的请求在系统中达成一致的过程。

现今共识机制常见于区块链领域。区块链共识算法建立在一系列协议或规则基础上，在对网络中的交易共识的过程中，完成记账节点选择、区块生成、验证、上链等操作，最终保持分布式账本数据的一致性。共识算法是区块链系统的核心技术，决定着区块链系统最终所能达到的性能以及可以应用的领域。

二、问题假设

分布式系统理论研究从基本的问题假设出发，问题假设是对现实问题的简化。

1. 两军问题

两军问题是计算机领域中的一个思想实验。在该问题中，假设两支军队的将军只能通过派遣信使穿越敌方领土来互相通信，所派出的任何信使都可能被俘虏。在此条件之下，该问题希望求解如何就发动攻击的时间点达成共识。两军问题理论上无解，通过不可靠的信道交换信息并达成共识是不可能的，图 3-1a 展示的是 n 次握手的情况，第 n 条消息的发送者无法确认其消息会被对方收到。

两军问题是第一个被证明无解的计算机通信问题，对计算机通信领域产生了重大影响，解释了 TCP 协议无法保证通信双方之间的状态一致性的原因。TCP 协议中的"三次握手"过程仅仅是对问题理论上的解，如图 3-1b 所示。

两军问题的重要意义在于，对所有存在通信错误的问题场景，包括拜占庭将军问题，都是无解的。两军问题可以看作拜占庭将军问题的一个特例。

2. Paxos 岛议会问题

莱斯利·兰伯特在描述 Paxos 算法时，虚拟了一个叫作 Paxos 的希腊城邦，这个岛按

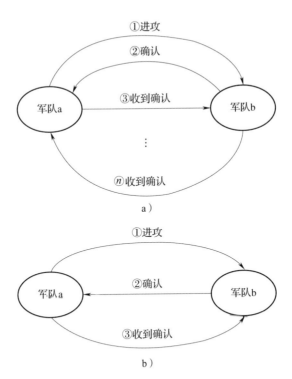

图 3-1 两军问题的消息通信
a）n 次握手 b）三次握手

照议会民主制的政治模式制定法律，但是没有人愿意将自己的全部时间和精力放在这种事情上。无论是议员、议长还是传递纸条的服务员都不能承诺别人需要时一定会出现，也无法承诺批准决议或者传递消息的时间。议员之间的消息要靠服务员传递，服务员有可能忘记传递，也有可能重复传递。一般来说只要等待足够的时间，消息就会被传到。

　　Paxos 算法不可避免地会发生以下错误：进程可能处理得很慢、被杀死或者重启，消息可能会延迟、丢失、重复。假设没有消息篡改的情况，即虽然有可能一个消息被传递了两次，但是绝对不会出现错误的消息。Paxos 岛议会是一个非拜占庭容错的场景，如图 3-2 所示。

3. 拜占庭将军问题

　　对拜占庭将军问题（Byzantine Generals Problem）的描述如下：

　　一组拜占庭将军分别率领一支军队围困一座城市。为了简化问题，将各支军队的行动策略限定为进攻或撤离两种。因为部分军队进攻部分军队撤离可能会造成灾难性

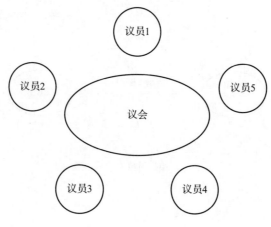

图 3-2   Paxos 岛议会

后果，因此各位将军必须通过投票来达成一致策略，即所有军队一起进攻或所有军队一起撤离。因为各位将军分处城市的不同方向，他们只能通过信使互相联系。在投票过程中每位将军都将自己投票进攻或者撤退的信息交给信使，由信使分别通知其他将军，这样一来每位将军根据自己的投票和其他将军送来的信息就可以知道共同的投票结果而决定行动策略。

将军中叛徒的存在使问题变得更加复杂，他们可能会选择性地投票。如果有 9 位将军投票，其中 4 位支持进攻，4 位支持撤退，则第 9 位将军可以向部分将军发送撤退信息，而向其余将军发送进攻信息，如图 3-3 所示。那些获得第 9 位将军撤退信息

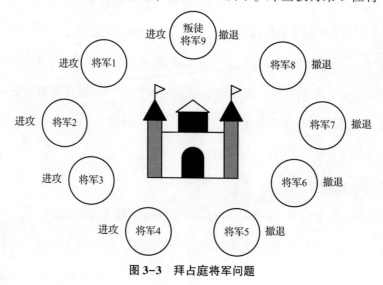

图 3-3   拜占庭将军问题

的人将撤退，而其余人将进攻。由于将军们物理上分散并且不得不通过信使发送选票，这样使问题进一步复杂化，这些信使可能无法传递正确或伪造的投票信息。

在分布式计算中，不同的节点通过交换信息达成共识而按照同一套协作策略行动。但有时候，节点可能出错而发送错误的信息，用于传递信息的通信网络也可能导致信息损坏，使得网络中不同的成员关于全体协作的策略得出不同结论，从而破坏系统一致性。拜占庭将军问题被认为是容错性问题中最难的问题类型之一。

三、两个阶段的共识算法

把区块链出现以前对分布式领域的算法研究称为传统一致性算法。此处的传统只是一个相对的概念，是对区块链出现前后两个阶段的简单划分。

1. 传统分布式一致性算法

这一阶段的研究既涉及拜占庭容错问题，又给出了常规容错问题的算法。

论文《拜占庭将军问题》中给出了基于口头消息和签名消息的两种算法，这是较早的拜占庭将军问题解决方法。论文中将问题简化为解决"指挥官和中尉"的问题，忠实的中尉必须全部行动一致，并且在指挥官忠诚的情况下，他们的行动必须与指挥官的命令相符。芭芭拉·利斯科夫提出的 PBFT 共识算法比起前两种拜占庭容错算法效率更高，使得拜占庭容错算法在实际应用中变得可行。

莱斯利·兰伯特的另一篇论文《兼职议会》中提出了 Paxos 算法，这是一种基于消息传递且具有高度容错特性的共识算法，主要解决系统宕机、软硬件等常规的容错问题。

2. 区块链共识算法

相比传统分布式一致性算法，区块链共识算法不仅要应对分布式系统中存在恶意节点的情况，还要面对更加复杂、开放的网络环境。PBFT 共识算法在环境相对封闭的联盟链中被使用得很多，但它无法在开放环境下大规模使用。公有链在一个跨越国界的全球化互联网环境下，节点数量众多、没有准入限制、身份不可信。

四、FLP 不可能原理

FLP 不可能原理是分布式系统领域的经典理论之一，其内容是在含有多个确定性进程的异步系统中，只要有一个进程可能发生故障，那么就不存在协议能保证有限时间内使所有进程达成一致。FLP 不可能原理指出了存在故障进程的异步系统的共识问题不存在有限时间的理论解，因而只能通过调整问题模型寻找其可行的"工程解"，例如牺牲确定性、增加时间等；比特币通过容忍网络弱同步性来规避 FLP 不可能性。

FLP 并未声明是否永远无法达成共识，只是在模型的假设下，没有算法能够始终在有限时间内达成共识，实际上这种情况发生的概率极小。FLP 不可能原理不仅适用于 BFT 算法，对 CFT 算法也同样生效，略微不同的是后者在工程实现上出现不利局面的概率更小。解决工程问题的一个思维方式是尽可能增加有利局面的概率，同时减少不利局面的概率。

五、CAP 理论

关于 CAP 理论定义请参见第一章。根据 CAP 定理，分布式系统只能满足三项中的两项而不可能满足全部三项，如图 3-4 所示。理解 CAP 理论的最简单方式是想象两个节点分处分区两侧。下面分为三种情况说明。

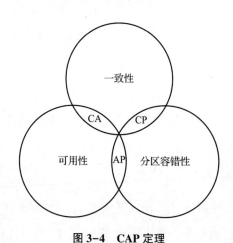

图 3-4　CAP 定理

（1）满足可用性和分区容错性，允许至少一个节点更新状态会导致数据不一致，即丧失了 C 性质。

（2）满足一致性和分区容错性，如果为了保证数据一致性，将分区一侧的节点设置为不可用，那么又丧失了 A 性质。

（3）满足一致性和可用性，除非两个节点可以互相通信，才能既保证 C 又保证 A，这又会导致丧失 P 性质。

在 CAP 理论中，以上三个性质，最多只能同时满足其中两个；但"三选二"的理论存在着一定的误导性，将三个性质之间的关系简单化。CAP 理论的提出者在 2012 年对三个性质之间的关系重新进行了描述：

首先，由于分区很少发生，所以在系统没有出现分区时，没有理由放弃可用性和一致性。

其次，在同一系统中，能够以非常细的粒度在 C 和 A 之间进行多次选择。子系统不仅可以做出不同的选择，而且选择可以根据操作甚至涉及的特定数据或用户而变化。

最后，三种性质并非是二元性的，根据实际需求完全可以在不同程度上调整。可用性显然是可以在 0 到 100% 之间连续变化的，一致性也可以分为很多个级别，甚至分区也可以细分为不同的含义。

第三节　区块链系统共识过程模型与共识算法分类

考核知识点及能力要求：

• 掌握共识过程模型；

• 熟悉共识算法分类。

一、区块链系统共识过程模型

区块链系统的共识过程可以用一个四阶段模型表示，即选择出块节点、构造新区块、广播并验证区块、区块上链。需要说明的是，该模型并非通用模型，无法概括所有类型的共识过程，但是可以代表大多数区块链的共识过程。区块链系统中的节点分为发起交易的普通节点和打包交易并进行验证的出块节点。区块链共识算法的核心是"选主"和"记账"两部分，前者有时候也称为选主策略。有的共识算法需要节点参加共识过程并竞争记账权，有的算法中也会选举特定的节点作为代表参与共识，为了公平有时候会按照轮次重新选举。

1. 选择出块节点

所有节点通过执行共识算法实现决定哪个节点获得出块权的工作，因算法实现的不同，系统中各个节点可能扮演的角色会差别较大。

2. 构造新区块

获得出块权的节点，按照共识算法中的打包策略，将最近一段时间全系统中新发生的交易数据按照一定的顺序打包到一个新区块中。

3. 广播并验证新区块

出块节点按照共识算法中既定策略，将新区块广播给承担验证任务的节点，验证节点收到广播来的新区块后，验证新区块中封装的交易数据的合法性。如果新区块通过大多数验证节点的验证，则等待被加入区块链中成为最新的一个区块。

4. 新区块上链

出块节点将通过验证的新区块添加到系统主链上，构成一条从创世区块开始的最长的链。

二、共识算法分类

根据不同的维度，共识算法有下面几种分类方法：

1. 是否拜占庭容错

根据容错类型，共识算法可以分为拜占庭容错和非拜占庭容错。

（1）拜占庭容错共识，如 PBFT，PoW，PoS；

（2）非拜占庭容错共识，如 VR，Paxos，Raft。

2. 区块链系统部署类型

根据部署方式，共识算法可分为公有链、联盟链及私有链共识。

（1）公有链共识，如 PoW，PoS，DPoS。

（2）联盟链共识，如 PBFT，PoA，rPBFT。

3. 选主策略

区块链的每一轮共识中，都需要记账节点构造并发布新区块，选主策略的目的就是找出记账节点。根据这个特性，共识算法分为选举类、证明类、随机类共识。

（1）选举类共识，通过投票的方式选出下一轮的记账节点，如 Paxos，Raft，dBFT。

（2）证明类共识，通过付出算力或者持有权益竞争记账权，获得收益，如 PoW，PoS。

（3）随机类共识，通过随机方式确定记账节点，如阿格兰德、时间消逝证明（Proof of Elapsed Time，PoET）。

第四节　区块链共识算法的评估

考核知识点及能力要求：

• 理解共识算法的评估标准。

一、安全性和容错能力

这是指是否可以防止二次支付、私自挖矿等攻击，是否有良好的容错能力。

二、可扩展性

这是指是否支持网络节点扩展。扩展性是区块链设计要考虑的关键因素之一。

三、性能

延迟是性能指标，是指交易达成共识被记录在区块链中至被最终确认的时间，关系到系统每秒可处理确认的交易数量（Transactions Per Second，TPS）。TPS 是区块链被考虑最多的性能指标。

四、资源消耗

即在达成共识的过程中，系统所要耗费的计算资源大小，包括中央处理器（CPU）、内存等。区块链需要借助计算资源或者网络通信资源达成共识。

五、去中心化程度

区块链具有分布式自治的特性，去中心化程度越高，治理过程越公正，系统越稳定，但效率相对越低；相反，去中心化程度越低，共识过程越集中，效率越高，相对容易出现造假现象。

第五节　典型共识算法

考核知识点及能力要求：

• 熟悉几种典型共识算法的共识过程。

一、Paxos 算法

Paxos 算法以 Paxos 岛议会决议过程为比喻解释所要解决的分布式异步系统共识问题。2001 年，兰伯特在文章《经过简化的 Paxos》中给出了更容易理解的描述。

在这个算法中包括提议者（Proposers）、接受者（Accepters）和学习者（Learners）三种角色，如图 3-5 所示，系统中的每一个节点都可能会扮演多个角色。整个算法的过程是：提议者发起一个提案，尝试从接受者那里收集意见，收集到大多数意见之后便可以批准当前的提案，并且学习者会观察到被批准的提案。算法保证只有一个提案最终能获得批准，从而达成协议。

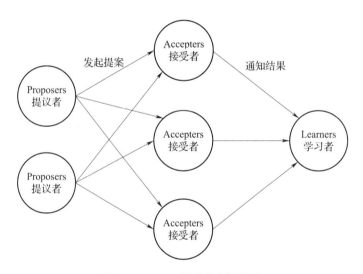

图 3-5　Paxos 算法角色及关系

1. 定义

（1）提议者：发起提案。

（2）接受者：接受提案，对其进行投票。

（3）学习者：获得被批准的提案，执行提案。

（4）提案：由提议者提出，一个提案包含决议和编号。

（5）接受：接受者同意一个提案称为接受。

2. 算法提出与条件推理

分布式系统中可能有多个提案，算法需要保证只有一个提案被批准。如果没有提案被提出，就不应该有提案被批准。如果一个提案被批准，那么所有节点都应该能学习这个被批准的决议。有了这些准备后，就可以更精确地定义问题：

约束 1：提案只有在被提议者提出后才能被批准。

约束 2：在一次 Paxos 算法的执行实例中，只批准一个提案。

约束 3：学习者只能获得被批准的提案。

通过不断加强上述 3 个约束（主要是第 2 个）最终获得了 Paxos 算法。

设想如果接受者可以不接受提案，即使提议者提出了多个提案，也不会被批准，更不可能达成共识。于是产生了一个显而易见的新约束：

约束 P1：一个接受者必须接受第一次收到的提案。

如果提议者提出的多个提案都被接受者接受，就可能有多个提案被批准，这违反了约束 2。因此必须追加一个条件：一个提案被批准需要由大多数的接受者接受。

这个条件暗示一个接受者能够接受多个提案，否则可能导致最终没有提案被批准。既然允许接受者接受多个提案，就有可能最终不止一个提案被批准。事实上约束 2 并不要求只批准一个提案，暗示可能存在多个提案，只要提案的决议是一样的，就不违反约束 2。于是有了新的约束：

约束 P2：一旦一个具有决议 v 的提案被批准，那么之后批准的提案必须具有决议 v。

通过某种方法可以为每个提案分配一个编号，在提案之间建立一个全序关系，"之后"是指所有编号更大的提案。如果约束 P1 和约束 P2 都能够保证，那么约束 2 就能够保证。批准一个提案意味着多个接受者接受了该提案。因此，可以对约束 P2 进行加强：

约束 P2a：一旦一个具有决议 v 的提案被批准，那么之后任何接受者再次接受的提案必须具有决议 v。

由于系统是异步的，约束 P2a 和约束 P1 可能会发生冲突。如果一个提案被批准后，一个提议者和一个接受者从休眠中苏醒，前者提出一个具有新决议的提案。根据约束 P1，后者应当接受，根据约束 P2a，不应当接受，这种情况下两个约束条件就会产生矛盾。于是需要换个思路，转而对提议者的行为进行约束：

约束 P2b：一旦一个具有决议 v 的提案被批准，那么之后任何提议者提出的提案必须具有决议 v。

由于接受者能接受的提案都必须由提议者提出，所以约束 P2b 蕴涵了约束 P2a，是一个更强的约束。但是根据约束 P2b 难以提出实现手段。因此需要进一步加强约束 P2b。假设一个编号为 $n1$ 的决议 v 已经获得批准，来看看在什么情况下对任何编号为 $n2$（$n2>n1$）的提案都具有决议 v。因为 $n1$ 已经获得批准，显然存在一个接受者的多数派 C，它们都接受了决议 v。考虑到任何多数派都和 C 具有至少一个公共成员，可以找到一个蕴涵约束 P2b 的约束 P2c：

约束 P2c：如果一个编号为 n 的提案具有决议 v，该提案被提出，那么存在一个多数派，要么它们都没有接受编号小于 n 的任何提案，要么它们已经接受的所有编号小于 n 的提案中编号最大的那个提案具有决议 v。

可以用数学归纳法证明约束 P2c 蕴涵约束 P2b。在提出约束 P2c 之前，事实上约束 P1 是不完备的：如果恰好一半接受者接受的提案具有决议 v1，另一半接受的提案具有决议 v2，那么就无法形成多数派批准任何一个决议。引入了约束 P2c 后，同时也解决了约束 P1 不完备的问题。约束 P2c 是可以通过消息传递模型实现的。

3. 算法内容

要满足约束 P2c 的约束，提议者提出一个提案前，需要和足以形成多数派的接受者进行通信，获得它们最近一次接受的提案（准备阶段）。然后提议者根据收到的回复信息决定这次提案的决议，形成提案请求批准，当得到大多数接受者接受后，提案获得批准。最后由接受者将这个消息告知学习者。

如果一个接受者在准备阶段接受了提议者的提案 $n2$，但是在开始对 $n2$ 进行批准前，又接受了编号小于 $n2$ 的另一个提案 $n1$（$n1<n2$），如果 $n1$ 和 $n2$ 具有不同的决议，那么就会违背约束 P2c。因此在准备阶段，接受者回复提案时也应包含承诺：不会再接受编号小于 $n2$ 的提案。这是对约束 P1 的加强：

约束 P1a：当且仅当接受者没有回应过编号大于 n 的准备请求时，接受者接受编号为 n 的提案。

整个过程经过细化后就形成了 Paxos 算法。Paxos 算法分为两个阶段：

（1）准备阶段。

1）提议者选择一个提案编号 n 并将准备请求发送给接受者中的一个多数派；

2）接受者收到准备消息后，如果提案的编号大于它已经回复的所有准备消息，则接受者将自己上次接受的提案回复给提议者，并承诺不再回复小于 n 的提案。

（2）批准阶段。

1）当一个提议者收到了大多数接受者对准备的回复后，就进入批准阶段。提议者要向回复准备请求的接受者发送接受请求，包括编号 n 和根据 P2c 决定的决议。如果没有已经接受的决议，那么提议者可以自由决定决议。

2）在不违背向其他提议者承诺的前提下，接受者收到接受请求后即批准这个请求。

这个过程在任何时候中断都可以保证正确性。如果一个提议者发现已经有其他提议者提出了编号更高的提案，则有必要中断这个过程。如果一个接受者发现存在一个更高编号的提案，则需要通知提议者，提醒其中断这次提案。

4. 节点容错

分布式系统中总共有 N 个节点，其中 f 个节点可能会失败或崩溃，这 f 个节点指的是非拜占庭节点，如果要正常共识，需满足下面的公式：

$$2f+1 \leqslant N$$

根据公式可知 Paxos 算法容错不超过 1/2 的失败节点。

二、Raft 算法

2013 年，斯坦福大学的迭戈·翁加罗和约翰·奥斯特豪特提出了 Raft 共识算法，其初衷是设计一种比 Paxos 更易于理解和实现的共识算法。Raft 共识算法在容错和性能方面与 Paxos 等价，不同之处在于通过逻辑分离，将问题分解为相对独立的子问题。在 Raft 中节点需要信任被选中的领导节点，因此其并非拜占庭容错算法。

1. 节点状态

Raft 算法中节点有 3 种状态：跟随者（Follower）、候选人（Candidate）、领导人（Leader），如图 3-6 所示。在大多数情况下，网络中只有一个领导人，其他节点都是跟随者。

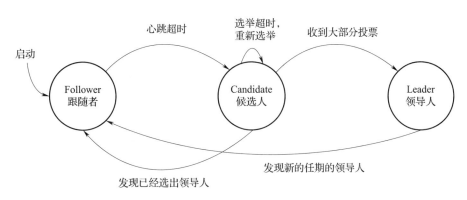

图 3-6 **Raft** 算法角色及关系

（1）跟随者。所有节点都从跟随者状态开始，如果没有在超时时间内收到领导人发送的心跳消息，跟随者自动转为候选人。

（2）候选人。候选人向其他节点发起选举请求，一旦收到来自大部分节点的投票，立即转为领导人，如果已经选出了领导人，则转回跟随者状态。

（3）领导人。领导人处理系统中所有的变更，将本地产生日志的副本发送给其他节点，要求其他节点更新状态。

2. 任期

Raft 算法将时间分割为一个个任意长的任期，每一个任期从一次领导人选举开始。每一个任期只有一位领导人，领导人在任期内主持系统的正常运作。如果选举失败，则开始新的任期，重新选举。如果领导人节点发生故障，不能定期向其他节点发送心跳消息，其他节点自动转为候选人，参加新的选举，这样系统同样会开始新的任期。Raft 算法会为新的任期分配连续增长的编号，节点会保存已知的最新任期，节点间互相通信时都会带上最新任期的编号。

3. 超时时间

Raft 算法中有两种超时时间：选举超时（Election Timeout）和心跳超时（Heartbeat Timeout）。

（1）选举超时。选举超时是指跟随者成为候选人所需要等待的时间。在该超时时间中，跟随者期望收到领导人的心跳消息，如果能收到心跳消息，则重置心跳超时；如果不能收到心跳消息，则转为候选人，并开始新的选举任期。选举超时被随机分配在 150~300 ms 之间，Raft 使用随机的选举超时可以尽量避免跟随者同时成为候选人，从而减少选举中表决分裂的概率。

（2）心跳超时。领导人定期向跟随者发送心跳消息以通知其存在。跟随者收到心跳消息后，会回复领导人。如果在一个心跳超时内没有收到来自领导人的心跳消息，跟随者则会重置选举超时。

4. Raft 共识

Raft 算法采用"领导人负责"和"单向数据流"原则，领导人完全负责系统中其他节点上的日志复制，数据只能由领导人节点流向其他节点。Raft 算法必须通过领导人达成共识，如果领导人发生故障，将会选举新的领导人。在 Raft 中，共识问题被分解为下面两个相对独立的子问题。

（1）领导人选举。在算法初始化或当前任期的领导人节点发生故障时，需要选择一个新的领导人。如果跟随者节点在选举超时的时间内没有收到领导人的心跳消息，它假定不再有领导人，则该节点转为候选人状态，新一轮的领导人选举由此开始。此时候选人节点通过增加任期编号计数器切换到新的任期，向其他节点发起投票请求，选举自己成为新的领导人。节点在每个任期只会以先到先得的方式投票一次。如果候选人收到了更大任期节点发来的消息，其选举宣告失败，并承认该节点的领导人地位。如果候选人获得大多数投票，它将成为新的领导人。此外也可能出现选举中表决分裂的状况，那么新任期和选举开始。

（2）日志复制。网络或集群中每一个节点都是一个状态机，同时保存着一个日志结构，日志中记录着所有的命令。每执行一条命令，状态机发生一次状态迁移。领导人负责集群中所有节点的日志复制。收到来自客户端的请求后，领导人将请求中包含的命令添加为一条日志，再将这条日志作为附加条目消息转发给所有的跟随者（如果跟随者发生故障，则领导人会无限期地重试附加条目消息，直到所有跟随者复制日志为止）。跟随者接收、复制这条日志，并回复领导人。收到大多数回复后，领导人的本地状态机执行这条日志中的命令，更新状态，此刻该命令被视为已提交。领导人再将"命令已提交"的消息发送给跟随者，跟随者的本地状态机执行这条命令。这样可以确保整个集群中所有服务器之间的日志一致性，并确保遵守"日志匹配"的安全规则。

在领导人节点发生故障或崩溃的情况下，日志可能会不一致，领导人的某些日志无法在网络或集群中完全复制。新任期的领导人强制跟随者复制其日志以处理不一致问题，具体做法是比较与跟随者的日志，找到相同的最后一条，然后删除其后的日志，并复制替换为领导人的日志。该机制将在发生故障的集群中恢复日志一致性。

三、PoW 算法

1997 年，英国密码学家亚当·巴克提出，并于 2002 年正式发表了用于哈希现金的工作量证明机制，该系统要求所有发件人发送邮件之前必须完成强度很大的工作量证明。1999 年马库斯·雅各布森正式提出了"工作量证明"概念。这些工作为后来中本聪设计比特币的共识机制奠定了基础。比特币在一个完全分布的、无准入限制的网络中运行，从 2008 年至今整体上运转良好，这足以证明 PoW 共识算法的成功。

PoW 共识算法其核心思想是通过分布式节点（矿工）的算力竞争，即解决一个求解复杂但是验证容易的数学难题（挖矿），来保证数据的一致性和共识的安全性。最快解决该难题的节点将获得下一区块的记账权和系统自动生成的比特币奖励。上面提到的数学难题就是利用 SHA256 哈希函数求解特定的目标值的过程，其中所需要的输入数据就是区块信息。SHA-256 是最广泛使用的工作量证明方案，除此之外还有其他一些哈希算法也可作为这一用途，包括 Scrypt，Blake-256，CryptoNight，HEFTY1，Quark，SHA-3，Scrypt-jane，Scrypt-n 及其组合。

1. PoW 的共识过程

PoW 共识过程的步骤如下文所示：

步骤一：区块链系统中的节点从本地交易池中取出若干个交易（数量不能超过区块的限制）组成梅克尔树，交易信息构成区块体，梅克尔树根连同其他元数据构成区块头，如图 3-7 所示。其中交易池指节点收到的未被处理的交易集合。

步骤二：将区块头作为 SHA256 哈希函数的输入值开始挖矿，为了得到符合要求的目标值，如前 5 位都为 0 的目标值，需要不断调整随机数的大小。为了满足工作量

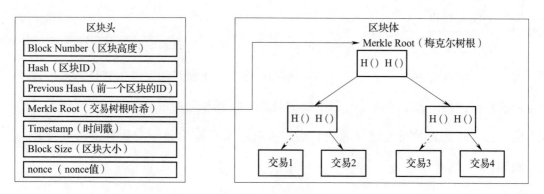

图 3-7　区块结构

证明，不断地穷尽随机数这个过程需要消耗一定的时间，如图 3-8 所示。如果一段时间内没有计算出目标值，也可以微调时间戳，重新进行计算搜索目标值。

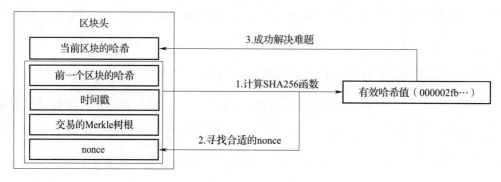

图 3-8　挖矿过程

步骤三：节点成功解决难题，获得目标值之后，将目标值作为区块哈希写入区块头，如图 3-8 第 3 步所示。此时已成功打包区块，将区块向全网广播。

步骤四：其他节点收到第三步所广播的区块，分两步进行验证：①验证区块哈希是否满足难题计算要求；②验证交易是否合法。验证完成之后接纳区块，将其放入最长链。

2. 最长链原则

PoW 的记账权即打包区块的权利是由公平竞争取得的，事先不可能知道下一轮的记账权归属。因此会带来一个问题，有可能两个或多个节点"同时"解决难题，取得记账权，"同时"向全网广播所打包的区块，其他节点必然优先收到同时广播的区块之一，从而导致块链结构产生分叉现象，如图3-9所示。为了解决这个问题，引入了最长链原则，节点默认最长链上的区块为合法区块。在图3-9中，第3轮共识"同时"产生了3和3′两个区块，在第4轮共识中，获得记账权的节点自主选择延续区块3作为最长链，之后区块3大概率会被全网接受，区块3′会被抛弃。

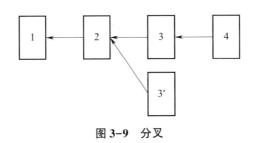

图3-9 分叉

3. PoW 的挖矿难度

挖矿难度指找到新区块的困难程度。每经过2 016个区块（大约两周）难度将被重置，出块时间大约稳定在10 min。如果过去2 016个区块的平均出块时间小于10 min，那么难度就会自动增加，反之难度会降低。挖矿难度对于区块创建的速率具有平衡的作用，而且恶意矿工释放的任何未达到所需难度值的区块都将被网络中的节点拒绝。

四、PoS 算法

比特币的算力竞争造成了巨大的资源浪费，而且长达10 min的出块时间使其不适合支付、快速交易等商业应用。PoS共识算法可以较好地克服PoW的这些弱点，一定程度上解决了PoW算力浪费的问题，并能够缩短达成共识的时间。2011年7月，一位名为"量子力学"的数字货币爱好者在比特币论坛中首次提出了PoS共识算法。随后桑尼·金在2012年8月发布的点点币（Peercoin，PPC）中首次实现。PoS由系统中持有权益最高而非最高算力的节点竞争记账权，其中权益体现为节点对特定数量货币的所有权，称为币龄（Coin Age）或币天数（Coin Days）。PPC将PoW和PoS两种共识算法结合起来，初期采用PoW共识算法为矿工公平地分配代币，后期采用PoS共识算法维护网络的运转。

1. 币龄

PoS提出了币龄的概念，币龄是持有的代币与持有时间乘积的累加，利用币龄竞争取代算力竞争，使区块链的证明不再仅仅依靠工作量，有效地解决了 PoW 的资源浪费问题。每个节点持有的币龄越长，则其在网络中权益越多，同时还会根据币龄来获得一定的收益。币龄计算公式为：

$$币龄 = \sum_{i=0}^{n} (持有代币\ i\ 的数量 \times 持有代币\ i\ 的时间)$$

2. 分配记账权

点点币的设计中，没有完全脱离工作量证明，PoS 机制记账权的获得同样需要进行简单的哈希计算：

$$证明哈希值 < 币龄 \times 目标值$$

其中证明哈希值是使用区块头部数据和其他一些参数进行的双 SHA256 运算，币龄与计算的难度成反比。因为目标值乘以币龄以后比原有的目标值要大很多，因此计算的难度大大降低了，从而节省了算力资源。投入出块竞争的权益越多，积攒的币龄越长，获得出块权的概率就越大。在 PoS 中，区块链的安全性随着区块链的价值增加而增加，对区块链的攻击需要攻击者积攒大量的币龄，也就是需要对大量数字货币持有足够长的时间，这也大大增加了攻击的难度。

五、PBFT 共识算法

早期的拜占庭容错算法需要指数级运算，1999 年米格尔·卡斯特罗和芭芭拉·利斯科夫提出了 PBFT 共识算法，将算法复杂度降低到多项式水平，解决了效率问题，使得工程上的使用成为可能。

1. 状态机副本复制

PBFT 是一种状态机副本复制算法，即服务作为状态机进行建模，状态机在分布式系统的不同节点上进行复制。每个状态机的副本都保存了服务的状态，同时也实现了服务的操作。同所有的状态机副本复制技术一样，PBFT 对每个副本节点提出了两个限定条件：

（1）所有节点必须是确定性的。也就是说，在给定状态和参数相同的情况下，操作执行的结果必须相同。

（2）所有节点必须从相同的状态开始执行。在这两个限定条件下，即使失效的副本节点存在，PBFT 共识算法对所有非失效副本节点的请求执行总顺序达成一致，从而保证安全性。

2. PBFT 共识算法协议

PBFT 共识算法的每一个视图下都有一个主节点，其他为从节点。主节点负责对请求进行排序，按顺序发送给其他的从节点。如果从节点检查到主节点出现异常，就会触发视图切换机制更换下一个编号的节点为主节点，进入新的视图。PBFT 共识算法包括三个协议：一致性协议、检查点协议、视图更换协议。

（1）一致性协议。一致性协议是 PBFT 的主要协议，通过两轮投票，使系统的各个节点达成共识并出块。主节点负责将客户端的请求排序，从节点按照主节点提供的顺序执行请求。整个过程分为请求（Request）、预准备（Pre-prepare）、准备（Prepare）、确认（Commit）、回复（Reply）五个阶段，如图 3-10 所示。

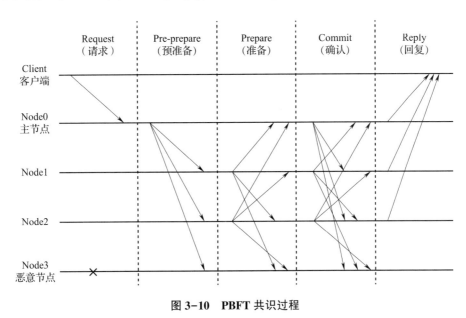

图 3-10　PBFT 共识过程

1）请求。客户端将消息发给主节点，消息可以附带时间戳，唯一标识一次请求。

2）预准备。主节点先判断当前正在处理的消息数量是否超出限制，如果超出限制，则先缓存起来，后面再打包一起处理。如果正常，则为请求分配序列号，向其他节点广播预准备消息。

3）准备。从节点收到广播来的预准备消息以后，进行验签，检验完整性，通过以后向其他节点广播准备消息。

4）确认。所有节点收集准备消息，检验是否与之前收到的预准备消息匹配，如果收集到 $2f+1$ 个匹配消息，就向其他节点广播确认消息。其他节点检验所收到的确认消息的合法性，合法消息达到 $2f+1$，则可以出块。其中 f 为系统可容忍的最大拜占庭节点数量。

5）回复。客户端收集 $f+1$ 个相同的回复结果，则可以确认结果正确。

（2）检查点协议。检查点协议是一个辅助协议，用于解决分布式环境下服务器时间同步问题，清理日志，解决资源占用。

（3）视图更换协议。主节点在整个共识的流程中，充当着中心的角色，当主节点出现故障，或者主节点是恶意节点时，为了保证整个系统的可用性，需要使用视图更换协议更换主节点。视图的更换需要多方达成共识，然后可以进行切换。

3. 拜占庭节点容错

系统总共有 N 个节点，f 个拜占庭节点（恶意节点），如果要正常共识，需满足下面的公式：

$$3f+1 \leqslant N$$

根据公式，容错 1 个拜占庭节点，至少需要 4 个节点；容错 2 个拜占庭节点，至少需要 7 个节点。

第六节　区块链共识算法的研究进展和趋势

考核知识点及能力要求：

• 了解共识算法研究进展和趋势。

一、区块链共识算法的研究进展

1. 混合共识算法

BFT 类共识算法实现了高吞吐量和及时一致性，但因为随节点数平方上升的消息复杂度、固定的节点列表、已知的节点身份、主节点的性能瓶颈等原因，更多应用于联盟链或私有链场景中。相比之下 PoX（如 PoW，PoS）类共识算法提供了良好的网络可扩展性，可用于公有链环境。PoX 类算法达成网络节点的一致性是以低吞吐量和高时延为代价的，同样也有缺点。

为了在公有链中兼顾高吞吐性能和网络可扩展性，一种做法是将 BFT 与公有链类算法结合，将 BFT 类共识引入到公有链的业务场景中。由丹尼尔·拉里默开发的石墨烯 "全家桶" 平台，包括比特股、斯蒂姆、企业操作系统（Enterprise Operating System，EOS）等，使用 PoS+BFT 的组合作为其共识算法。持有者以投票等方式选出自己支持的代表，并由这些代表组成的见证人网络通过 BFT 的方式进行共识。授权拜占庭容错（Delegated Byzantine Fault Tolerance，dBFT）是 NEO 采用的共识算法，是一种通过代理投票实现大规模参与的共识算法。节点可通过投票选出所支持的代理，然后代理再通过类 PBFT 共识算法达成共识。dBFT 具有快速、扩展性好等特点。

2. 原生 PoW 共识算法的改进

公有链交易需求不断增加，但其交易吞吐量却被严格的限制在区块大小除以区块间隔的范围内，公有链的可扩展性问题越来越突出。矿工、消费者和开发人员之间进行了激烈的辩论，基本上也形成了统一的认识，需要采取行动来寻找针对可扩展性的措施，但一直围绕着区块大小的问题展开。到目前为止，所有提议都受制于这个可伸缩性的瓶颈，系统最多只能实现适度的吞吐量，从每秒约 3 个增加到每秒约 7 个交易，这与维萨（VISA）每秒 30 000 笔交易相差甚远。

下一代比特币消除了上述可扩展性限制。下一代比特币通过使比特币达到网络条件允许的最高吞吐量来解决可伸缩性瓶颈。重要的是，它不仅提高了交易吞吐量，而且还减少了交易等待时间，而且这样做无须更改比特币的开放架构和信任模型。

具体来说，下一代比特币在某个时期的开始选择一位领导者，他负责处理交易，直到选择下一位领导者为止。下一代比特币具有两种类型的块：关键块（Key-blocks）和微区块（Micro-blocks）。关键块用于选举产生领导者，通过使用工作量证明进行挖掘而生成，就像比特币一样，它们平均间隔为 10 min。微区块包含交易，是由领导者产生的，不包含工作证明，并使用领导者的私钥签名。这样就可以提高系统的吞吐量了，这便是下一代比特币的总体思路。

3. 原生 PoS 共识算法的改进

在以太坊 2.0 中推出的 Casper（以太坊上的 PoS 实现）共识算法中，一组验证者（PoS 中将参与竞争记账权的节点称为 Validators，即验证者）轮流对下一个区块进行提议和投票，每个验证者的投票权重取决于其持有份额的大小。以太坊区块链跟踪一组验证者。通过共识过程完成创建并验证同意新区块，任何持有以太币的节点都可以通过发送特殊类型的交易将其以太币锁定为存款的方式成为验证者，从而参与该共识过程。

从算法的角度来看，PoS 共识算法主要有两种类型：基于链的权益证明和 BFT 风格的权益证明。

基于链的权益证明在每个时隙（例如，每 10 s 的时间段可能是一个时隙）中伪随机地选择一个验证者，并向该验证者分配创建单个块的权限，该块必须指向先前的块（通常是在先前最长的链末尾的块），因此随着时间的推移，大多数块会汇聚为一条不断增长的链。

在 BFT 风格的权益证明中，验证者会被随机分配提议区块的权利，但要通过多个回合就哪一个区块是规范的达成共识。在每个回合中，所有验证者都会针对某个特定区块发起"投票"，在该回合结束时，所有诚实和在线的验证者都需要永久地投票确定任何给定的块是否属于该链的一部分。需要注意的是，对区块的共识不取决于最长链。

4. PBFT 共识算法的改进

PBFT 共识算法因为有诸多优点，如共识效率高、不产生分叉、容错性强（容错小于 1/3 的恶意节点）、无须消耗算力资源等，被当作联盟链的首选共识算法。Linux 基金会超级账本项目下的 Fabric 和国内诸多的联盟链项目都采用了 PBFT 作为其共识算法。

二、区块链共识算法发展趋势

随着区块链技术被广泛的接受和应用，出现了大量不同用途和性质的区块链平台和网络，这些高度异构的链之间是相互独立和封闭的，各自的数据和价值也都被限制在链本身，难以发生更大范围内的共享和流通。要打破这种局面，必须深入到跨链技术的研究中去，思考如何在跨链的情况下达成链间的共识。

跨链技术是为了解决不同区块链之间连接、交互的问题，支持区块链账本之间的资产和数据的转移和连通，在不同性质的链间实现价值流通。目前跨链技术共识算法取得了一定的进展，已经发展出了侧链机制、公证人机制、中继机制等方法。未来需要解决跨链技术在共识过程中的难点包括跨链交易的可验证性和安全性。

第七节 能力实践

考核知识点及能力要求：

- 能归纳典型共识算法的各项特性；

- 理解共识算法的适用场景；

- 了解常见区块链平台的共识算法类型。

任务一：

对比几个典型共识算法的各项属性。

步骤：

找出至少 3 种典型共识算法；

列举共识算法的各项属性，如描述、类型、优缺点、适用场景、现运行的区块链平台等；

画一个表格填充所有内容。

任务二：

补全几种共识算法代码以强化理解算法的能力。

思考题

1. 几乎所有大型互联网公司的互联网技术架构都是分布式的，可以通过服务器集群快速响应用户请求。在区块链出现以前，这个格局就已经形成了，为什么没有人把这种分布式的服务器集群称为区块链？这两种情况下的分布式有什么区别与联系？

2. 由 PoW 共识算法产生的分布式账本块链结构可能产生分叉，PBFT 共识却不会产生分叉，为什么？

3. 联盟链中有两种用户类型：一是机构用户，可以部署节点；二是普通用户，可以发起交易。联盟链是准入链，意味着对不同的身份或用户类型会有不同的限制，请考虑对这两种用户分别有什么限制？

第四章
对等网络知识

对等网络是区块链底层的基础网络，区块链基于对等网络实现了节点发现、交互和数据同步。对等网络是作为 C/S 模式的对立面发展起来的，对互联网的发展产生了重要的影响，本章将介绍对等网络的基本知识、发展、网络结构和网络协议，并讨论对等网络技术在区块链中的应用，从而为区块链基础网络的能力实践提供原理和技术支撑。

第一节　基本知识

考核知识点及能力要求：

• 了解对等网络与物理网络的关系；

• 熟悉对等网络知识中常用概念和术语的含义。

区块链底层的基础网络采用对等网络技术进行组网，本节介绍对等网络基本知识。对等网络相关的重要概念和基本知识包括：

（1）节点。节点也称为网络节点，是指一台计算机或其他具有一个独立地址和数据收发功能的网络设备。节点可以是工作站、个人计算机、服务器和其他连接网络的设备，拥有自己唯一网络地址的设备都是网络节点。

（2）对等网络。对等网络也称为 P2P 网络，是对等节点在物理网络上形成的一种组网或网络形状，网络的参与者共享他们所拥有的一部分资源，这些共享资源通过网络提供服务和内容，能被其他对等节点直接访问而无须经过中间实体。

对等网络实际上是一种在应用层建立的覆盖网络（Overlay Network），它是在基础的物理网络上利用软件方法构造出的一种逻辑网络。覆盖网络中的节点来自物理网络的主机，通过虚拟链路建立连接，但每一条虚拟链路不一定与一条物理链路对应，可能对应基础网络中的一条或多条物理链路路径。图 4-1 说明了覆盖网络与物理网络的关系，物理网络中的主机可以映射到由虚拟链路建立的覆盖网络，垂直虚线表示了从物理节点到虚拟节点的映射关系。

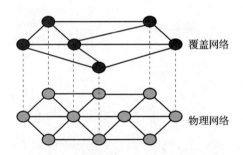

图 4-1　P2P 覆盖网络与物理网络的关系

覆盖网络把特定问题从复杂的底层网络中剥离出来，映射到独立的平面或空间，节点之间通过逻辑链路直接通信，以满足用户特定的应用需求，从而使应用变得简单而高效。P2P 网络和常见的 C/S 组网模式都是运行在物理网络上的覆盖网络。

（3）C/S 模式与 P2P 模式。这两种模式是作为对立面发展起来的，是互联网中两种基本的应用组网模式。C/S 模式的应用以服务器为中心，服务器提供服务，所有客户端从服务器获得服务，客户端之间的交互也需要通过服务器进行协调；P2P 模式称为对等模式，应用没有专门的服务器，每台计算机既是客户端也是服务器，计算机之间直接建立连接并交换信息。

（4）网络拓扑。计算机网络通常由许多的网络节点组成，把这些网络节点用通信线路连接起来，形成一定的几何关系，这就是计算机网络拓扑，简称网络拓扑。对等网络主要发展了 4 种形式的网络拓扑结构：集中式目录拓扑、纯分布式非结构化拓扑、混合式拓扑和纯分布式结构化拓扑。这些对等网络的拓扑结构各有特点，在不同的特定应用场景都得到了广泛的应用。例如，纯分布式非结构化拓扑和混合式拓扑在比特币、以太坊和超级账本 Fabric 等区块链中得到应用，其中以太坊的节点发现机制还使用了基于分布式哈希表（Distributed Hash Table，DHT）技术的结构化拓扑。

（5）网络协议。网络协议是为计算机网络中进行数据交换而建立的规则、标准或约定的集合。对等网络协议主要用于在对等网络中实现节点发现、消息路由和资源搜索，包括非结构化 P2P 网络路由算法和结构化 P2P 网络路由算法，其中非结构化 P2P 网络路由算法包括洪泛（Flooding）算法和流言协议；结构化 P2P 网络路由算法主要采用 DHT 技术。

（6）分布式哈希表技术。哈希表（Hash table）是根据键值而直接进行访问的数据结构。它通过把键值映射到表中一个位置来访问记录，以加快查找的速度。这个映射函数叫作哈希函数，存放记录的数组叫作哈希表。而分布式哈希表则是一种分布式存储方法，它通过某种方法将键值分散存储在多个节点上，避免了集中存储服务器的单点故障问题。DHT 网络中的节点都有一个唯一标识自己的 ID，每个资源也有一个唯一 ID，资源通常存放在资源 ID 和节点 ID 相近或者相等的节点上。目前有多种 DHT 技术的实现算法，包括 Chord，Pastry，CAN，Tapestry，Kademlia 等，其中 Kademlia 算法由于简单易用而被广泛使用，以太坊的节点发现机制便采用了 Kademlia 算法。

（7）对等网络与区块链。区块链是一种去中心化的分布式账本，它利用对等网络的特点构建去中心化的网络拓扑，实现节点之间点对点的交易和区块传播，并通过这种分布式特性确保区块链的可靠性和安全性。尽管对等网络具有去中心化的特点，但是对等网络并不等同于区块链，许多区块链系统都对对等网络进行了一定程度上的改进和创新，以适应自身区块链功能的定位和业务需求。例如，比特币主网络采用对等网络构建了完全去中心化的区块链网络拓扑结构，并使用流言协议实现节点发现、交易和区块链广播功能；以太坊基于 Kademlia 算法构建结构化的网络拓扑，实现对等节点的发现机制。

第二节　对等网络概念和发展

考核知识点及能力要求：

• 了解对等网络的发展情况；

- 熟悉对等网络模式与客户机–服务器模式的区别；

- 掌握对等网络的特点。

一、对等网络概念

对等网络是分布式系统与计算机网络相结合的产物，是对等节点在物理网络之上形成的一种组网或网络形状。在对等网络中，每个节点都可以将自己的资源（计算能力、存储空间、网络带宽等）共享给其他的对等节点，并且这种共享可以通过对等节点自发完成，无须中央服务器的参与。因此，在对等网络中，所有的节点地位是相同的，不再有"服务器"的概念，每个节点既是服务的提供者也是服务的使用者，所以每个节点具备客户和服务器的双重特性。

与对等网络不同的是传统的 C/S 模式。C/S 模式描述的是节点之间服务和被服务的关系，服务器为服务的提供者，客户端为服务的使用者。如今大多数使用十分广泛的应用都是基于 C/S 模式，例如网盘应用、浏览器访问网页、视频点播和大学的选课系统等。C/S 模式的问题在于，一旦服务器出现问题，例如宕机或遭受攻击，客户端就无法使用相应的服务。

对等网络是为了解决 C/S 模式所带来的问题而提出来的。对等网络中的参与者既是资源（服务和内容）提供者，又是资源获取者。并且网络中的资源和服务分布在每个节点上，信息的传输和服务无须中间环节和服务器的介入，不仅可以避免因大量的访问所带来的服务器性能瓶颈问题，而且带来了其在可扩展性和可用性方面的优势，节点的加入和离开不会影响对等网络的正常运行。在对等网络中，随着一个新节点的加入，虽然会带来新的服务请求，但同时整个网络的资源和提供服务的能力也因新节点的加入而得到扩展。相比传统的 C/S 模式，对等网络在可扩展性上几乎是线性提升的。例如，在使用 FTP 协议下载文件时，随着越来越多的节点发出服务请求，下载速度会越来越慢；但使用对等网络进行下载时，下载速度会随着节点的增加而增快。并且对等网络自身具有高容错性、耐攻击性等特点。即使部分节点失效或遭受攻击，网络也能自行调整拓扑结构，保证剩余节点依旧能得到有效服务。对等网络通常都是以自组织的方式建立起来的，因此，它可以允许节点随时加入或者离开，对于用户来说具有极高的自主性。在对等网络中，由于信息被分散到各个节点之中，无须通过中央服务器存储，用户的隐私被窃取和泄露的可能性将会大大降低。

总之，在基于 C/S 模式的集中式网络中，各个客户端从中心服务器请求服务和资源；而在 P2P 对等网络中，互连的对等节点彼此共享资源，而无须使用中心服务器进行协调。图 4-2 反映了这两种模式的差异。

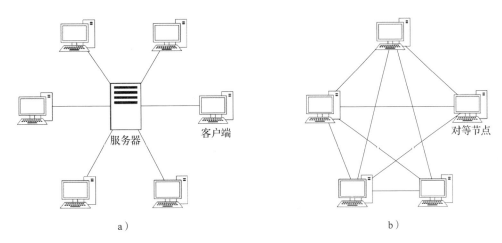

a)　　　　　　　　　　　　　　　　　　b)

图 4-2　C/S 模式与 P2P 模式的区别
a) C/S 模式　b) P2P 模式

二、对等网络发展

早在 20 世纪 70 年代后期，就出现了 P2P 模式的雏形。例如，1979 年产生的新闻组（USENET）、1984 年创建的惠多网（FidoNet）等分布式信息交换系统，其底层协议均基于 UNIX 至 UNIX 拷贝协议（UUCP）来发送信息。然而，由于当时 PC 机性能和网络带宽的限制，P2P 模式并未得到广泛应用，反而是 C/S 模式逐渐发展成为互联网上主流的应用模式，许多重要的互联网应用都采用了 C/S 模式，如浏览器和 Web 服务器、邮件客户端和邮件服务器等。

随着互联网在规模上不断扩展、用户数量持续增加以及多媒体应用的普及，服务器负担越来越重，同时也存在单点故障问题，传统 C/S 模式的性能已无法满足用户的需求。在此背景下，人们将目光重新放回被长久忽视的分布式模式上，特别是 20 世纪

90 年代后期，由于个人计算机的性能获得了极大的提升，P2P 技术出现了新一轮的发展高潮。1999 年，美国东北波士顿大学一年级新生肖恩·范宁编写了基于 P2P 对等模式的 Napster 软件，用于方便音乐爱好者通过 Napster 客户端下载音乐文件（MP3），同时自己也作为一台服务器，供别人下载。Napster 采用的是中央目录服务器的架构，即用户向目录服务器提交文件查询请求，目录服务器返回存放该文件的计算机，用户随后连接到存储该文件的计算机，然后直接从那台计算机上下载文件。这种方法巧妙地应用了互联网体系架构，取得了很好的效果，通过在数百万台计算机上分担下载文件的负载量，Napster 实现了用其他任何方法都无法实现的任务，取得了巨大的成功，最高峰时注册用户达到 8 000 万人。

Napster 的成功带动了其他基于 P2P 的文件下载工具的出现，如人们熟悉的努特拉（Gnutella）、比特流（BitTorrent，BT）、电驴（eDonkey）、超网（Overnet）、讯佳普（Skype）等。其中 Gnutella 采用的是纯分布式 P2P 架构，通过洪泛协议在节点之间转发查询请求，实现文件查询，克服了 Napster 中央目录服务器单点故障的问题。2002 年布拉姆·科恩发明的比特流协议的特点是下载的人越多，下载速度越快，原因在于每个下载者将已下载的数据提供给其他下载者下载，充分利用了用户的上载带宽。同时，比特流引入了构建结构化 P2P 网络的分布式哈希表技术，相比洪泛查询技术，DHT 的查询效率得到显著提升。

比特币将 P2P 网络技术应用到区块链领域。区块链并不是为了分享文件而设计的，它主要利用 P2P 技术构建去中心化的存储框架，存储不可修改和不断增长的交易信息，并实现交易和区块的点对点传播。P2P 网络的 DHT 技术主要是解决查询效率的问题，比特币之后出现的以太坊采用 DHT 构建结构化网络，实现高效的节点发现功能。

对等网络的发展历史大致可以归结为 4 个阶段，见表 4-1。经过长时间的发展，P2P 技术日益成熟，它在众多领域拥有大量的应用和市场。特别是随着由 P2P 网络作为底层技术的区块链技术的兴起，各种去中心化应用如雨后春笋般应运而生。

阶段	标志性应用
依赖中心索引系统	Napster、Napigator
使用洪泛查询，摆脱中心索引	努特拉
使用分布式哈希表	比特流、超网
区块链相关的分布式存储	比特币、以太坊

表 4-1 　　　　　　　　　　　　　对等网络发展历史

第三节 对等网络结构

考核知识点及能力要求：

- 了解对等网络结构的分类方法；

- 熟悉不同结构对等网络的基本特征；

- 掌握不同结构对等网络的资源查询机制。

拓扑结构是指分布式系统中各个计算单元之间的物理或逻辑的互联关系，节点之间的拓扑结构是确定系统类型的重要依据。根据网络中节点的连接形式以及资源被索引和定位的方式，可将对等网络分为集中式、纯分布式、混合式和结构化四种不同的网络结构，这也代表着 P2P 技术的 4 个发展阶段。需要强调的是，本章中的网络结构主要是指路由查询结构，即不同节点之间如何建立连接通道。

一、集中式目录结构

集中式目录结构是最早出现的 P2P 应用模型，仍然具有中心化的特点。其典型代表是 Napster，网络结构如图 4-3 所示。集中式目录结构 P2P 网络基于中央目录（索

引）服务器，目录服务器保存了所有节点的目录信息（如节点的 IP 地址、保存的文件信息等），可以对文件查询请求提供快速查询并返回存放有所查找文件的节点地址，随后请求文件的节点，直接与存放文件的节点建立连接以获取文件。例如，在图 4-3 中，节点 A 需要下载文件 F，但不知道文件 F 存放在何处。A 首先向目录服务器提交查询请求，目录服务器向 A 返回文件 F 存放在节点 B 的消息，A 随后与 B 建立连接，从 B 直接下载文件。

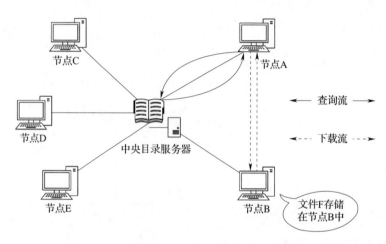

图 4-3　集中式目录结构

集中式目录查询具有结构简单、实现容易、资源发现效率高等特点，且内容传输无须经过中央服务器，降低了中央服务器的负担。由于存在中央目录服务器，集中式目录结构易引发单点故障问题，可靠性较低；另外，随着网络规模和查询请求的增加，容易形成传输瓶颈，扩展性较差。

综合上述优缺点，对小型网络而言，集中式的拓扑模型在管理和控制方面占一定优势。但鉴于其存在的缺陷，该模型并不适合大型网络应用。

二、纯分布式非结构化拓扑

纯分布式非结构化拓扑 P2P 网络取消了中央的目录服务器，是一种完全分布式非结构化网络。它是采用随机图的组织方式而形成的松散网络，每个节点随机接入网络，并与一组邻居节点建立连接，节点之间的内容查询和共享都是通过邻居节点的广播接力传递，其典型的结构如图 4-4 所示。Gnutella、自由网（Freenet）是典型的纯分布式结构 P2P 网络，比特币主网结构上也是一种纯分布式 P2P 网络。

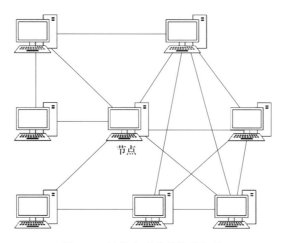

节点

图 4-4　纯分布式非结构化拓扑

新节点加入纯分布式 P2P 网络有多种实现方法，最简单的方法是随机选择一个节点建立邻居关系。比特币 P2P 网络中的新节点则是通过域名解析系统（Domain Name System，DNS）种子节点指引快速发现网络中的其他节点。新节点与邻居节点建立连接后，还需要进行全网广播，让整个网络知道该节点的存在。其方式是该节点首先向邻居节点广播，邻居节点收到广播消息后，继续向自己的邻居节点广播，以此类推，从而传播到整个网络，这种广播方法也称为洪泛。当一个节点想要查询一个文件时，它首先以文件名或者关键字生成一个查询，并把这个查询发送给与它相连的邻居节点，邻居节点如果存在这个文件，则与查询的节点建立连接，如果不存在这个文件，则继续向自己的邻居节点转发这个查询，直到找到文件为止。

三、混合模式结构

混合模式结构结合了集中式结构和纯分布式非结构化拓扑的优点，网络性能得到优化。混合模式结构如图 4-5 所示，网络中存在多个超级节点组成分布式网络，而每个超级节点则与多个普通节点组成局部集中式网络。混合模式结构是一个层次式结构，超级节点通常是处理、存储、带宽性能较高的节点，在各个超级节点上存储了系统中其他部分节点的信息，超级节点之间构成一个高速转发层，发现算法仅在超级节点之间转发，超级节点再将查询请求转发给适当的普通节点。

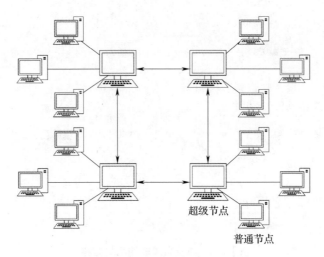

图 4-5　混合模式网络拓扑结构

新的普通节点要加入网络，首先选择一个超级节点建立连接，该超级节点再将其他超级节点列表推送给新加入的节点，新节点根据超级节点的状态选择适合的节点作为父节点。这种结构的洪泛只发生在超级节点之间，可以减少网络风暴问题。混合式组网结构具有灵活、有效且实现难度小等特点，目前被很多系统所采用，如超级账本区块链平台。

四、纯分布式结构化拓扑

结构化 P2P 网络将节点按某种结构进行有序组织，形成一种逻辑上的结构化网络拓扑，如树状网络或环状网络。由于非结构化 P2P 网络中的随机搜索具有盲目性，人们开始研究结构化的 P2P 网络，以提高搜索查询效率。最具代表性的成果是基于分布式哈希表的资源定位算法，如图 4-6 所示。在 DHT 网络中，节点被分配一个由哈希运算（或公钥）产生的唯一节点 ID，资源对象的关键字（Key）通过哈希运算也产生唯一的索引值，资源通常存储在其 Key 的索引值与节点 ID 距离相近的节点上。进行资源查找时，通过对资源对象 Key 进行哈希运算产生索引值，就可以快速定位到存储该资源的节点。

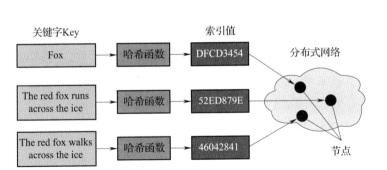

图 4-6　结构化的 P2P 网络结构

基于 DHT 的结构化 P2P 网络能够自适应节点的动态加入/退出，有着良好的可扩展性、鲁棒性、节点 ID 分配的均匀性和自组织能力。由于 P2P 网络采用了确定性拓扑结构，DHT 可以提供精确的发现。只要目的节点存在于网络中，DHT 总能发现它，发现的准确性得到了保证，基于 DHT 的经典案例是 Tapestry、Pastry、Chord 和 CAN。

DHT 结构的最大问题是维护机制较为复杂，尤其是节点频繁加入/退出造成的网络波动会极大增加 DHT 的维护代价。DHT 所面临的另外一个问题是 DHT 仅支持精确关键词匹配查询，无法支持内容/语义等复杂查询。

在实际应用中，每种拓扑结构的 P2P 网络都有其优缺点，表 4-2 从可扩展性、可靠性、可维护性、发现算法效率、复杂查询等方面比较了这 4 种拓扑结构的综合性能。

表 4-2　　　　　　　　　　　　　　　对等网络拓扑结构对比

拓扑结构	集中式目录结构	纯分布式非结构化拓扑	混合模式结构	纯分布式结构化拓扑
可扩展性	差	差	中	好
可靠性	差	好	较好	好
可维护性	最好	最好	较好	好
发现算法效率	最高	中	中	高
复杂查询	支持	支持	支持	不支持

第四节 对等网络协议

考核知识点及能力要求：

· 了解常用的非结构化 P2P 网络和结构化 P2P 网络所使用的网络协议；

· 熟悉洪泛算法和流言协议的基本原理；

· 掌握协议的 k 桶构建过程及其节点查找和资源定位机制。

对等网络协议也称为网络路由算法，主要用于在对等网络中实现节点发现、消息路由和资源搜索。网络结构的不同，相应的对等网络协议也存在较大的差异。本节将讨论非结构化 P2P 网络使用的消息洪泛算法和结构化网络使用的分布式哈希表技术。

一、非结构化 P2P 网络路由算法

非结构化 P2P 网络中网络拓扑无严格控制，节点可以随机加入或离开网络，不需要进行网络结构的调整，因此大部分 P2P 应用系统都是非结构化的，如早期的 Gnutel-la、KaZaa 以及今天的比特币和超级账本 Fabric 网络。在非结构化的 P2P 网络中，资源定位和消息传递主要采用洪泛算法，下面简要介绍洪泛算法及其变种流言协议。

1. 洪泛算法

洪泛算法是最早出现的非结构化 P2P 网络路由算法，路由时具有全网遍历的盲搜索特点。由于每个节点不知道在网络中的哪些节点上有它需要查询的资源，所以当它需要寻找某个资源，将首先把查询信息传递给所有的相邻节点，如果相邻节点有该资

源,则返回查询命中消息给查询节点;否则相邻节点继续转发查询消息给各自的相邻节点,继续查找,以此类推,查询消息不断地被转发给更多的节点进行查询。

那么查询消息转发是否会无穷无尽呢?答案是否定的。为了避免消息在网络中循环地传递,为每条消息设置了生命值(Time-to-Live,TTL),用来控制消息在网络上留存的时间(实际上是控制查询消息的转发次数)。查询节点在生成查询消息时会为其 TTL 字段设置一个大于 0 的初始值,节点每转发一次 TTL 就减 1,每个节点会检查要转发消息的 TTL 值,若为 0,则停止转发,抛弃该消息。如图 4-7 所示,假设 TTL = 3,经过 2 次转发,消息到达节点 D 和 E 时,TTL 减为 0,节点 D 和 E 都停止转发消息。由于 D 节点有满足查询条件的文件,查询命中的消息会沿原查询路径返回给查询节点 A。

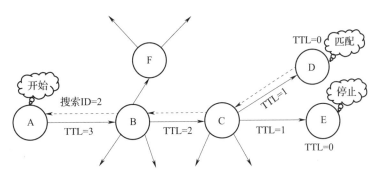

图 4-7 洪泛路由算法

洪泛算法的优点在于路由算法比较简单,易于实现。但是每次路由都是全网遍历,这无疑增加了网络的负担,导致搜索的效率不高,网络扩展性差,路由算法容易被攻击。

2. 流言协议

1972 年哈伊纳尔等人首次给出了流言问题(电话问题)的描述:有 n 个妇女,每个人都知道一条特有的流言,她们通过电话互相联系;任意两个妇女联系后,互相交流当前自己知道的所有流言;最少需要多少次联系,使得 n 个妇女中的每个人都知道所有流言?这使得对流言问题的研究正式登上历史舞台。1987 年,论文《复制数据库维护的疫情流行算法》中最早提出了流言协议,主要用在分布式数据库系统中使节点之间可以高效、可靠地同步数据。

流言协议是对洪泛算法的一种改进,通过随机选择部分邻居节点而非全部邻居节点进行广播,从而大大降低了网络的通信量。流言协议主要有两种类型:

(1)谣言传播协议(Rumor-Mongering Protocol)。主要思想是当一个节点有了新信息后,该节点变成活跃状态,并周期性地联系其他节点向其发送新信息,直到所有节点都知道该新信息。因为节点之间只是交换新信息,所以大大减低了通信负担。

(2)反熵协议(Anti-Entropy Protocol)。每个节点周期性地随机选择其他节点,然后通过互相交换自己的所有数据来消除两者之间的差异。反熵协议非常可靠,但是每次节点两两交换自己的所有数据会带来非常大的通信负担,因此不能频繁使用。

一般来讲,为了在通信代价和可靠性两者之间取得折中,需要将两种协议结合使用,一般情况采用谣言传播协议,每隔一段时间使用一次反熵协议,以保证信息交换的可靠性。

那么参与交互的两个节点采用何种信息交换方式呢?目前节点间的信息交换方法主要有 3 种:推(Push)、拉(Pull)、推拉(Push&Pull)。

推:发起信息交换的节点随机选择联系节点并向其推送自己的信息,一般拥有新信息的节点才会作为发起节点,其推送消息的流程如图 4-8 所示。采用推方式,在信息传播的初期,已感染节点的数目呈指数增长;当已有一半节点被感染时,每个周期感染节点的数目会迅速减少。

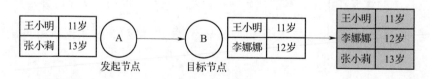

图 4-8　推模式

拉:发起信息交换的节点随机选择联系节点并从对方获取信息。一般无新信息的节点才会作为发起节点,其流程如图 4-9 所示。拉方式与推方式相反,在信息传播的初期,感染节点的数目增长缓慢;当已有一半节点被感染时,每个周期未感染节点的数目呈乘性减少。

推拉:推拉是将两者结合起来,发起信息交换的节点向选择的节点发送信息,同时从对方获取数据，流程图如图 4-10 所示。

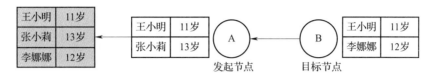

图 4-9　拉模式

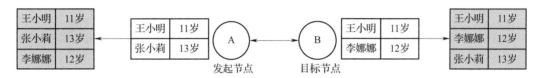

图 4-10　推拉模式

目前有许多区块链方案使用了流言协议，如比特币和超级账本。比特币节点通过流言协议向分布在不同地区的节点广播交易和新区块；在 Fabric 中，使用流言在节点间同步新区块。

【案例 4-1】Fabric 使用流言协议在节点间转发新区块的过程

图 4-11 展示了 Fabric 网络中的排序服务将创建的新区块通过流言协议分发给所有对等节点的过程。

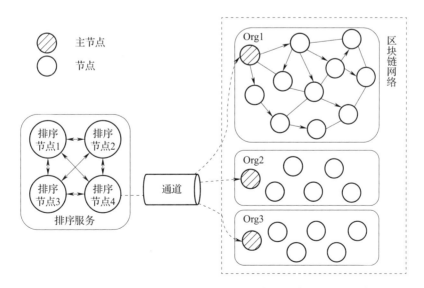

图 4-11　Fabric 利用流言协议分发新区块的流程

（1）在 Fabric 网络中，排序服务对交易进行排序并创建新区块，排序节点将新区块提交给组织 1（Org1）的主节点（Leader）。

（2）主节点不断从排序服务获取新区块，之后随机选择指定数量（Fabric 中默认为 3 个）的邻居节点发送消息。

（3）接收到消息的节点再将消息转发给预定数量的其他节点，以此类推，直到所有节点都收到新的消息。

流言协议的优势在于其扩展性、容错性、去中心化和简单。然而分布式网络中，没有一种完美的解决方案，流言协议跟其他协议一样，也有一些难以避免的问题，主要是两个：

（1）消息的延迟。在流言协议中，节点只会随机向少数几个节点发送消息，消息最终是通过多个轮次的散播而到达全网的，因此使用流言协议会造成不可避免的消息延迟，不适合用在对实时性要求较高的场景下。

（2）消息冗余。流言协议规定，节点定期随机选择周围节点发送消息，而收到消息的节点也会重复该步骤，因此就不可避免地存在消息重复发送给同一节点的情况，造成了消息的冗余，同时也增加了收到消息的节点的处理压力。而且，由于是定期发送，因此，即使收到了消息，节点还会反复收到重复消息，加重了消息的冗余。

二、结构化 P2P 网络路由算法

1. 分布式哈希表

分布式哈希表是一种实现分布式存储和资源搜索的技术，用于构建结构化的对等网络。在 DHT 中，数据资源以<键，值>对的形式分散保存在节点上，这里值表示文件的存储位置或目录，键是根据文件内容生成的哈希值，整个 DHT 网络维护一张完整的<键，值>文件索引哈希表。用户查询时，根据需要查询的数据资源计算出键和值，然后通过 DHT 算法获取键的存储位置，从而快速定位资源的位置。目前，基于 DHT 的典型协议有 Kademlia，Pastry，Tapestry，Chord 等，其中 Kademlia 用于以太坊的节点发现，下文对以太坊中使用的 Kademlia 协议进行详细分析。

2. Kademlia 理论基础

Kademlia（简称 Kad）协议是美国纽约大学的梅蒙科夫和马齐耶斯在 2002 年提出的一种 P2P 网络路由算法。Kademlia 网络建立了一种树型 DHT 拓扑结构，并使用异或运算来度量节点之间的距离，通过距离分割子树构建路由表，大大提高了路由查询速度。

在 Kademlia 网络中，所有参与通信的节点构成一张虚拟网（或者叫作覆盖网），这些节点通过 160 位二进制 ID 值进行身份标识。根据节点 ID 可以将网络结构抽象成一棵二叉树，节点的位置由 ID 的最短前缀唯一确定，0 为左边子树，1 为右边子树，每个节点都是二叉树的叶子。图 4-12 给出了 4 位 ID 的简单网络。

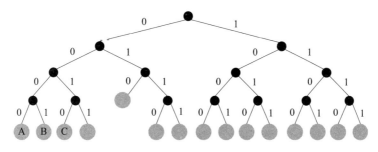

图 4-12　4 位 ID 的网络结构

Kademlia 采用异或（XOR）或 $\oplus$ 运算来衡量两个节点间距离（逻辑距离）。对于 ID 分别为 x，y 的节点，二者的距离为 $d(x, y)=x \text{ XOR } y$。图 4-12 中，节点 A 的二进制 ID 为 0000，节点 C 的二进制 ID 为 0010，则 A 与 C 的距离 $d=(0000)_2 \text{XOR}(0010)_2=(0010)_2=2$，对于异或运算，有以下数学性质：

（1）非负性：如果 $x\neq y$，则 $d(x, y)>0$；

（2）对称性：任意 x，y，有 $d(x, y)=d(y, x)$；

（3）三角不等性：$d(x, y)+d(y, z)\geq d(x, z)$；

（4）单向性：$d(x, y)\oplus d(y, z)=d(x, z)$；

（5）传递性：对于任意 $a\geq 0$，$b\geq 0$ 有 $a+b\geq a\oplus b$。

异或操作具有单向性，对于任意给定的节点 x 和距离 $\Delta\geq 0$，总会存在一个精确的节点 y，使得 $d(x, y)=\Delta$。单向性也确保了对于同一个关键字的所有查询都会逐步收敛到同一个路径上，而不管查询的起始节点位置如何。这样，只要沿着查询路径上的节点都缓存这个<键，值>对，就可以减轻存放热点<键，值>对的节点的压力，同时也能够加快查询响应速度。

通过计算距离，每个节点都可以从自己的角度将二叉树拆分为一系列连续的、不包含自己的子树。在图4-13中，从节点C（0010）的角度可以将网络划分为4层子树，如图中虚线圆圈所示，第1层与C节点的前缀位数最多，距离最短，第4层没有共同前缀，距离最远。节点按照自己角度拆分完子树后，一共可以得到 N 个子树（N 等于二进制ID的长度），只要知道每个子树里的一个节点就可以实现所有节点的遍历。而在实际网络环境中，节点可能会退出网络或者宕机，因此需要记录每个子树里多个节点的路由信息。

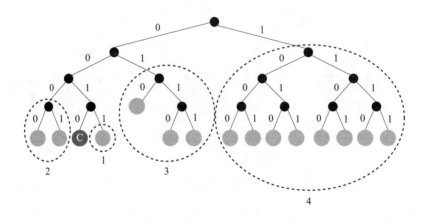

图4-13　节点0010的子树划分

Kademlia算法使用 k 桶（k-bucket）保存每个子树里 k 个节点的（IP地址、UDP端口、节点ID）信息，k 是为平衡系统性能和网络负载设置的常数。对于160位ID的网络，每个节点在完成拆分子树后可以得到160个子树，因此需要维护160个 k 桶。任意节点的第 i（$0 \leq i < 160$）个 k 桶记录了与其距离为 $[2^i, 2^{i+1})$ 的节点的信息，表4-3表示 $k=16$ 时，节点每一个 k 桶的覆盖范围和 k 桶中最多能保存的节点数量。当 i 值较小时，由于距离近的子树中包含的节点不多，因此 k 桶中的节点数量较少，对于比较大的 i 值，k 桶节点数可以达到最大值。

表 4-3 k 桶列表

k 桶序号	距离	k 桶所能存储的最大节点数
0	$[2^0, 2^1]$	1
1	$[2^1, 2^2]$	2
2	$[2^2, 2^3]$	4
3	$[2^3, 2^4]$	8
4	$[2^4, 2^5]$	16
5	$[2^5, 2^6]$	16
……	……	……
159	$[2^{159}, 2^{160}]$	16

由于每个 k 桶覆盖距离的范围呈指数关系增长，为了平衡系统性能和网络负载，k 桶中的节点数量通常限制不超过 k 个，表 4-3 中 $k=16$，这就形成了离自己近的节点的信息多，离自己远的节点的信息少，从而可以保证路由查询过程是收敛。经过证明，对于一个有 N 个节点的 Kademlia 网络，最多只需要经过 $\log N$ 步查询，就可以准确定位到目标节点。

三、Kademlia 路由机制

Kademlia 协议使用 4 种远程 RPC 操作：PING，STORE，FIND_NODE，FIND_VALUE，进行节点查找和资源定位。

（1）PING 消息用于探测一个节点是否仍然在线；

（2）STORE 消息用于通知一个节点存储一个<键，值>对；

（3）FIND_NODE 请求消息的接收者将返回自己 k 桶中离请求键值最近的 k 个节点；

（4）FIND_VALUE 操作和 FIND_NODE 操作类似，不过当请求的接收者存有请求者所请求的键的时候，它返回相应键的值。

Kademlia 技术的最大特点之一就是能够提供快速的节点查找机制，假如节点 x 要查找 ID 值为 t 的节点（记为节点 t），Kademlia 按照如下递归操作步骤进行路由查找：

（1）计算节点 x 到节点 t 的距离：$d(x, t) = x \oplus t$。

（2）从节点 x 的第 $[\log_2 d]$ 个 k 桶中取出 α 个节点的信息，同时进行 FIND_NODE 操作。如果这个 k 桶中的信息少于 α 个，则从附近多个桶中选择距离最接近 d 的 α 个节点。

（3）每个收到查询操作的节点，如果发现自己就是节点 t，则回答自己是最接近 t 的节点；否则计算自己和节点 t 的距离，并从自己对应的 k 桶中选择 α 个节点的信息给节点 x。

（4）节点 x 对新接收到的每个节点都再次执行 FIND_NODE 操作，此过程不断重复执行，直到每一个分支都有节点响应自己是最接近 t 的节点。

（5）通过上述查询操作，节点 x 得到了节点 t 的路由信息。

由于每次查询都能从更接近 t 的 k 桶中获取信息，这样的机制保证了每一次递归操作都能够至少获得距离减半（或距离减少 1 bit）的效果，从而保证整个查询过程的收敛速度为 $O(\log N)$，这里 N 为网络全部节点的数量。

【案例 4-2】Kademlia 算法查询节点过程

假设 $k = 2$，$\alpha = 1$，图 4-14 中节点 C（ID 为 0010）需要查询目标节点 O（ID 为 1111）的路由信息。查询过程的步骤如下：

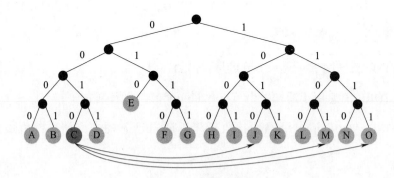

图 4-14 路由过程

（1）计算两个节点的距离：$d = (0010)_2 \text{XOR} (1111)_2 = 1101$。

（2）该值落在 3 号 k 桶（见表 4-4），k 桶中没有节点 O 的信息，则从 k 桶内取出最接近 1111 的 α 个节点，因此选择节点 J（1010），并向该节点发起查询。

表 4-4 节点 0010 的 k 桶信息

k 桶序号	距离	节点路由信息
0	$[2^0, 2^1]$	（IP_addres [D]，port [D]，0011）
1	$[2^1, 2^2]$	（IP_addres [A]，port [A]，0000）（IP_addres [B]，port [B]，0001）
2	$[2^2, 2^3]$	（IP_addres [G]，port [G]，0111）（IP_addres [F]，port [F]，0110）
3	$[2^3, 2^4]$	（IP_addres [I]，port [I]，1001）（IP_addres [J]，port [J]，1010）

（3）节点 J 从自己对应的 2 号 k 桶中选择节点 M（1101）返回给 C，节点 C 向该节点发起查询。

（4）节点 M 从自己对应的 1 号 k 桶中选择节点 O（1111）返回给 C，节点向该节点发起查询。

通过上述查找操作，节点 C 得到了目标节点 O 的路由信息。

为了保证 k 桶中的节点是在线的，节点必须对 k 桶进行更新。当节点 x 收到从节点 y 发出的一个远程过程调用（Remote Procedure Call，RPC）消息时，提取节点 y 的<键，值>里的"值"更新节点 x 的 k 桶中节点 y 对应的路由信息，具体步骤如下：

（1）计算节点 x 和节点 y 的距离：$d(x, y) = x \oplus y$，其中 x 和 y 分别代表节点 x 和节点 y 的 ID 值。

（2）对节点 x 的第 $[\log_2 d]$ 个桶进行更新操作。

（3）如果节点 y 的"值"已在 k 桶中，则把它移到 k 桶的尾部。

（4）如果节点 y 的"值"没有被记录在 k 桶中，则执行如下操作：①如果 k 桶未满，则直接把节点 y 的"值"插入 k 桶尾部；②如果 k 桶已满，则选择 k 桶头部的记录项（假如是节点 z）并 PING 节点 z，如果节点 z 未响应，则从 k 桶中移除节点 z 的"值"，并把节点 y 的"值"插入 k 桶尾部；如果节点 z 响应，则把节点 z 的"值"移到 k 桶尾部，同时忽略节点 y 的"值"。

k 桶的更新机制非常高效地实现了一种更新最近看到节点的策略，即在线时间长的节点具有较高的可能性继续保留在 k 桶列表中。通过把在线时间长的节点留在 k 桶里，明显增加了 k 桶中节点在下一时间段仍然在线的概率，这对网络的稳定性和减少网络维护成本（不需要频繁构建节点的路由表）带来很大好处。这种机制的另一个好处是能在一定程度上防御拒绝服务（Denial of Service，DoS）攻击，因为，只有当老节点失效后，才会更新 k 桶的信息，这就避免了通过新节点的加入来洪泛路由信息。

Kademlia 协议以独特的异或运算来计算节点间的距离，提高了路由和搜索的速度，系统具有较好的稳定性、可扩展性和负载平衡性。但异或运算也使网络节点经过哈希运算后的物理位置信息被破坏，来自同一个子网的多个节点的逻辑距离可能很远，路由过程要跨越多个广域网节点，导致应用系统响应时间长，降低了网络速度。

第五节 对等网络在区块链中的应用

考核知识点及能力要求：

- 了解比特币网络和以太坊网络的拓扑结构；

- 熟悉比特币网络和以太坊网络的节点发现机制的区别；

- 掌握比特币网络和以太坊网络的节点发现过程。

区块链的发展已经经历了多个阶段：区块链 1.0 是以比特币为代表的加密货币应用，区块链 2.0 是以以太坊、超级账本 Fabric 为代表的，有更广泛应用场景的基于智能合约的应用。不管是区块链 1.0 或是区块链 2.0，区块链在其网络拓扑构建、节点发现和节点间信息传播环节都应用了 P2P 网络技术。虽然不同的区块链平台实现了不同的 P2P 网络协议，其网络模型可能不同，但是基本原理是相似的。对于区块链

P2P 网络而言，节点发现环节是构建网络的开始，下面分别结合区块链 1.0 和区块链 2.0 中比特币和以太坊这两个代表性的区块链网络剖析 P2P 网络技术在区块链中的应用。

一、P2P 网络在区块链 1.0 中的应用

1. P2P 网络结构

区块链 1.0 主要实现加密货币应用，典型代表是比特币网络的底层技术，下面以比特币网络为基础介绍如何构建区块链 1.0 网络。比特币网络由大量运行比特币协议的节点组成，采用了混合式 P2P 网络路由结构。网络中的节点主要有 4 大功能：钱包（Wallet）、矿工（Miner）、完整区块链数据库（Full Blockchain）和网络路由（Network Routing）。对于节点而言，网络路由功能是必不可少的，其他功能是可选的。如图 4-15 所示，一般而言，只有比特币核心节点才会包含全部的 4 大功能。

图 4-15 网络核心节点的 4 大功能

比特币网络中所有节点都会参与校验、广播交易及区块信息，且会发现和维持与其他节点的连接。部分节点会包含完整的区块链数据库，即所有的交易数据和打包的区块，这类节点也被称为全节点。另外一些节点只储存区块链数据库的一部分数据，一般是区块头数据，而非全部的交易数据，这类节点会通过"简化交易验证（Simplified Payment Verification，SPV）"的方式完成交易校验，这类节点也被称为 SPV 节点或轻节点。

钱包功能一般是个人计算机或手机客户端的功能，即通过钱包查看账户余额，管

理钱包地址、私钥以及发起交易等。

矿工功能一般是矿工节点通过解决 PoW 难题，与其他矿工节点竞争创建新区块。部分矿工节点同时也是全节点，这类矿工节点被称为独立矿工。对于一类不采取独立挖矿方式，与其他矿工节点一同连接到矿池进行集体挖矿的节点，它们一般被称为矿池矿工。矿池是一个局部的集中式挖矿网络，中心节点是一个矿池服务器，其他矿池矿工全部连接到矿池服务器。矿池矿工和矿池服务器之间的通信也不是采用标准的比特币协议，而是使用矿池挖矿协议，而矿池服务器作为一个全节点再与其他比特币节点使用主网络的比特币协议进行通信。

在整个比特币网络中，除了使用比特币协议作为通信协议的节点所构成的主网络，也存在很多扩展网络，包括上面提到的矿池网络。不同的矿池网络可能还会使用不同的矿池挖矿协议，目前主流的矿池协议是阶层（Stratum）协议，该协议除了支持挖矿节点，也支持瘦客户端钱包。一个包含了比特币协议主网络节点、阶层网络以及其他矿池网络的扩展比特币网络结构如图 4-16 所示。

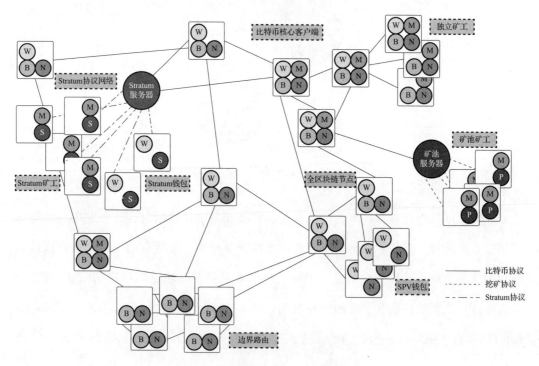

图 4-16　典型的区块链 1.0 网络结构

2. 节点发现

节点发现是新节点加入区块链网络的第一步，也是最为重要的一步。新节点首先要发现节点，建立邻接关系，然后才可以实现交易、验证等功能。下面以比特币网络为例，介绍节点发现过程。新节点通常可采用如下两种方式发现节点：

（1）利用 DNS 种子节点。比特币客户端的列表中记录了一些长期稳定运行的 DNS 节点，这些节点称为 DNS 种子节点，种子节点的地址被编码到比特币源码中，比特币核心客户端包含 5 个不同的 DNS 种子节点。通过种子节点，新节点可以快速地发现网络中的其他节点。用户可通过默认开启的"switch-dnsseed"选项指定是否使用种子节点。

（2）节点引荐。用户通过"-seednode"选项可以指定一个节点的 IP 地址，新节点启动后与该节点建立连接，将该节点作为 DNS 种子节点，在引荐信息形成之后断开与该节点的连接，并与新发现的节点连接，下面是节点引荐的具体过程。

新节点通常在 8333 端口采用 TCP 协议与已知的对等节点建立连接。在建立连接时，节点发送一条包含基本认证内容的版本（version）消息开始"握手"通信，收到版本消息的节点检查自己是否与之兼容，如果兼容，则返回版本确认（verack）消息进行确认并建立连接。有时节点间需要互换连接，接收端也需给发起端发送版本消息。初始化握手过程如图 4-17 所示。

一旦建立连接，新节点发送一条包含自身 IP 地址的 addr 消息给已连接的节点，节

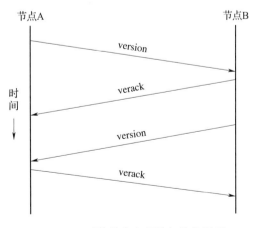

图 4-17 对等节点之间的初始化握手

点收到此消息后，继续将该消息转发给各自的连接节点，使网络中更多的节点接收到新节点的消息，保证连接更加稳定。此外，新节点可以向相邻节点发送 getaddr 消息，请求返回其已知节点的 IP 地址列表，从而找到更多可连接的节点，如图 4-18 所示。

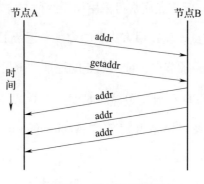

图 4-18　地址传播过程

节点完成启动后，会记住自己最近成功连接的节点，当节点重新启动时，可迅速与这些节点重新建立连接。如果所连接的节点均未响应，该节点可使用种子节点再次进行引导。为节约资源，节点启动时只需建立一个连接，之后将逐步连接到多个节点。因节点加入和离开网络具有随意性，因此系统需不断发现、更新节点状态。

（3）区块链同步。全节点存储并维护完整的区块链副本，可以独立校验交易和区块。新节点刚加入区块链网络时，仅包含静态植入客户端中的 0 号区块（创世区块），需要下载从 0 号区块到最新区块的全部区块后，才能成为全节点，独立参与维护区块链和创建新区块。

以比特币区块链为例，说明节点通过区块链同步机制获得全部区块链数据的过程。同步区块链的过程以发送 version 消息开始，通过版本消息中 BestHeight 字段可知道双方节点的区块高度，通过交换 getblocks 消息可获取顶部区块的哈希值，从而可准确比较节点所存储区块链的长度。拥有更长链的节点判别其他节点需要"补充"的区块后，开始分批发送区块（500 个区块为一批），通过 inv 消息将第一批区块清单广播出去。缺少区块的节点通过发出一系列 getdata 消息，请求得到完整的区块数据，并使用 inv 消息中的哈希值确认区块的正确性。

例如，假设一个只有创世块的新节点收到来自其他节点的 inv 消息（含有 500 个区块的哈希值），便向与之相连的所有节点请求区块，并通过分摊工作量的方式减轻单一节点的压力。如果节点需要更新大量区块，需在上一请求完成后才可发送新请求，从而控制更新速度，减小网络压力。被接收的区块不断添加至区块链中，直到该节点与全网络完成同步为止。当节点离线后重新返回区块链网络时，会与所连接节点进行区块比较，检查缺失的区块，并发送 getblocks 消息下载缺失的区块，步骤如图 4-19 所示。

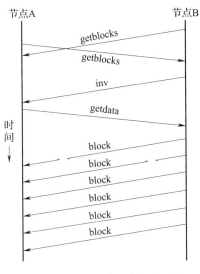

图 4-19 同步区块链数据的过程

二、P2P 网络在以太坊中的应用

和比特币一样，以太坊的节点也具备钱包、矿工、完整区块链数据库和网络路由 4 大功能，也同样存在很多不同类型的节点，除了主网络之外也同样存在很多扩展网络。然而以太坊采用了有结构的 P2P 底层网络，主要包括两个协议：节点发现协议（discv4）和节点通信协议（rlpx）。其中 discv4 协议是一种类 Kademlia 协议，主要用于以太坊节点发现环节。虽然 Kademlia 是为了在 P2P 网络中有效地定位和存储内容而设计的，但以太坊的 P2P 网络只用它来发现新的对等节点。

1. 以太坊 P2P 网络结构

在以太坊的节点发现协议 discv4 的异或距离与 Kad 相似，即 $d(A, B) = \text{keccak256}$ (A. ID) $\oplus \text{keccak256}$ (B. ID)，这里 keccak256（）是以太坊的 256 位哈希算法，节点 A

和节点 B 的节点 ID 通过 keccak256 所获得的 256 位哈希值进行按位异或。节点间距离定义为异或距离值中 bit 位为 1 的最高位的位数，并会存储到对应位数的 k 桶中。

在 discv4 协议的节点路由表中，$k=16$，即每个 k 桶最多存放 16 个节点信息。按照 keccak256 的结果，以太坊节点最多可有 256 个 k 桶，且 k 桶按照与目标节点的距离进行排序，如图 4-20 所示。

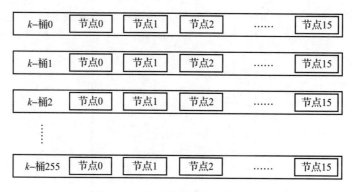

图 4-20   以太坊节点路由表结构

与传统 kademlia 协议的 k 桶不同的是，由于以太坊采用哈希异或距离，可能出现低位相同，高位差异并存的情况，这些距离高位差异的对等节点同样也应放入对应的 k 桶。这也保证了在多次节点发现、节点刷新时，满足源码设计中尽可能将符合要求的对等节点加入 k 桶的需求。伴随着节点发现的过程，以太坊节点的每个 k 桶将被尽可能填满至 16 个。

2. 以太坊节点发现

在以太坊的 discv4 网络中，节点通信采用 UDP 模式，并使用节点通信协议 rlpx 进行对等通信。其主要通过以下 4 种报文命令实现节点探测、响应、查询以及应答等功能。

Ping：用于探测节点是否在线，Ping 发送后，若 15 s 内没有收到 Pong 响应，将自动重发 Ping，最多发送三次，三次都没有收到响应，则相应的节点状态将从 discovered 变为 dead，将 Evict Candidate 变为 NonActive。

Pong：用于响应 Ping 报文，节点一旦接收到 Ping 消息，马上发送 Pong 消息，并将对方节点的状态改为 Alive 或者 Active。

FindNode：用于查找与 Target 节点异或距离最近的其他节点。

Neighbors：用于响应 FindNode 报文，从 k 桶里面查找最接近目标标识符的节点，回传找到的邻居节点的列表。

以太坊节点启动后，客户端 Geth 进行初始化，启动 UDP 端口监听（默认端口是 30303），创建监听 UDP 报文的 Table。以太坊使用两种数据结构存储所发现的其他节点信息，一是长期数据库 db，包含客户端交互过的每个节点信息，即使节点重启，db 中的节点信息也会保存在磁盘中。二是短期存储结构 Table，其中包含 256 个 k 桶，用于存储节点的邻居节点信息。每次节点重启时，k 桶都是空的。

当客户端节点首次启动时，数据库 db 与所有 k 桶都是空的，系统会读取硬编码到以太坊客户端程序中的 6 个引导节点，这些引导节点作为种子节点被加入 Table 的相应 k 桶中，通过引导节点可发现新的邻居节点，新发现的邻居节点将被加入 db 和 Buckets 中，以后节点重启时，会同时读取引导节点和 db 中保存的节点作为种子节点。

【案例 4-3】在以太坊网络中发现其他节点

新节点要加入以太坊网络，客户端 Geth 需要通过种子节点引导去发现其他节点。节点发现过程如图 4-21 所示，节点发现流程说明如下：

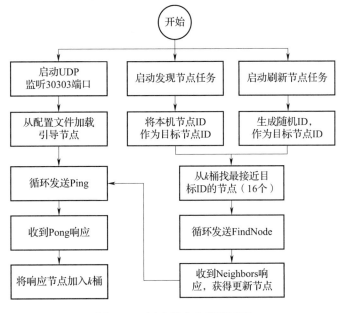

图 4-21 以太坊节点发现过程

（1）节点第一次启动时，随机生成本机节点 ID，记为 Local ID，生成后该 ID 将固定不变，同时打开 30303 端口，监听节点发送协议网络（使用 UDP）。

（2）从配置文件加载引导节点，向这些节点循环发送 Ping 报文，在线的引导节点将响应 Pong 报文，将响应的引导节点加入某一 k 桶。

（3）节点在启动 UDP 监听的同时，启动了另外两个任务：节点发现任务和节点刷新任务。

（4）节点发现任务每 30 s 循环一次，主动寻找邻居节点，以保证 k 桶的节点是满的。每次循环搜索 8 次，每次搜索以 Local ID 为目标节点 ID，记为 Target ID，从 k 桶中获取距离 Target ID 最近的 16 个节点，循环向这 16 个节点发送 FindNode 报文（包含 Target ID）。

节点发现任务采用非定期或定期循环方式，当收到 FindNode 报文时会立即启动一次节点发现任务，定期循环通过定时器实现，至多等待 1 800 s（事实上，每次以太坊源码迭代都有可能会修改节点发现等待时间，最早的设计是 3 600 s），将会主动寻找邻居节点，以保证尽可能填满 k 桶中存储的节点信息。每次循环搜索 8 次，每次搜索以 Local ID 为目标节点的 Target ID，从 k 桶中获取距离 Target ID 最近的 16 个节点，循环向该 16 个节点发送 FindNode 报文（包含 Target ID）。

（5）收到 FindNode 报文的节点也以 Target ID 为目标，从自己的 k 桶中找出距离最近的 16 个节点，然后回传 Neighbors 报文。

（6）节点收到 Neighbors 后，从报文取出新发现的节点，向新节点循环发送 Ping 报文，并将响应的节点加入 k 桶。经过 8 次循环搜索，所查找的节点均在距离上向 Target ID 收敛，k 桶中存储的是不断靠近 Target ID 的节点。

（7）节点刷新任务与节点发现任务类似，但有两点不同：①刷新任务的 Target ID 不是 Local ID，而是随机生成的节点 ID；②刷新任务的刷新速度更快，每 7.2 s 循环一次。

节点刷新任务采用了定期刷新的方式，但与节点发现任务不同点在于：①刷新任务的 Target ID 不是 Local ID，而是随机生成的节点 ID；②刷新任务的定时器等待时间更短，至多等待 10 s。

（8）通过上述步骤不断发现和刷新节点，当前节点会找到越来越多的邻居节点，组成 k 桶路由表。

三、P2P 区块链应用总结

不同结构的 P2P 网络，会有不同的优点和缺点。比特币网络的结构明显容易理解，实现起来也相对容易得多，而以太坊网络引入了异或距离、二叉前缀树、k 桶等，结构上复杂不少，但在节点路由上的确会比比特币快很多。另外，不管是比特币还是以太坊，其实都只是一种或多种协议的集合，不同节点其实可以用不同的语言实现，例如，比特币就有用 C++ 实现的 BitcoinCore，还有用 Java 实现的 BitcoinJ；以太坊也有用 Go 语言实现的 go-ethereum，也有用 C++ 实现的 go-ethereum，还有用 Java 实现的 Ethereum（J）。

本质上 P2P 网络是一种对等节点组成的分布式架构，节点之间直接通信共享资源，不需要通过中心服务器进行集中协调。区块链网络大多采用了 P2P 网络技术实现节点发现和消息传播。

第六节　能力实践

考核知识点及能力要求：

- 通过动画模拟实验了解流言协议在 P2P 网络中转发消息的过程；
- 掌握结构化 Kademlia 网络及其节点 k 桶路由表的构建方法。

本章前面几节介绍了对等网络的概念、对等网络拓扑结构、不同对等网络所使用的节点发现和消息路由协议，本节利用这些知识进行能力实践，构建对等网络。首先构建一个比特币和超级账本等区块链网络中所采用的非结构化对等网络拓扑，并模拟节点加入网络和使用流言协议转发消息的过程；然后使用 Kademlia 协议知识构建一个以太坊中所采用的结构化 Kademlia 网络，并建立节点的 k 桶路由表。

一、实训一：节点加入网络并通过流言协议扩散消息

图 4-22 是一个包含 12 个节点的非结构化 P2P 网络，图中的连接线表示节点之间形成的邻接关系。P0 是一个新节点，要加入该网络，试通过办公软件 PowerPoint 设计一个动画，模拟 P0 通过种子节点 P2 引导加入网络并通过流言协议将消息扩散到全网所有节点的过程。所有节点开始时都是白底的空心圆，被感染的节点（已收到消息的节点）用不同颜色标明，所设计的动画每次扩散消息后停留 2 s，然后再开始扩散消息给下一批节点。

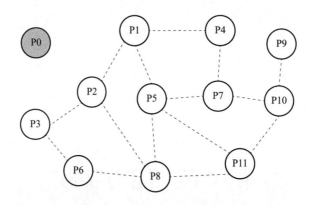

图 4-22　非结构化的 P2P 网络

节点加入网络并通过流言协议扩散消息的步骤如下：

（1）P0 首先与种子节点 P2 建立连接，通过 P2 的引导与 P1 和 P3 连接，形成邻接关系。

（2）P0 通过邻居节点将消息扩散到全网。在流言协议中，节点从所有邻接节点中随机选择 k 个邻接节点转发消息，每一个收到消息的邻接节点各自再随机选择 k 个邻接节点转发消息，以此类推，直到将消息转发给全网所有节点。假定 k 设置为 2，节点

P0 随机选择的节点是 P1 和 P3，第一次扩散 P0 将消息转发给 P1 和 P3。

（3）第二次扩散 P1 将消息转发给 P4 和 P5，P3 将消息转发给 P2 和 P6，以此类推，最终消息扩散到全网的所有节点，每一次扩散消息的路径如图 4-23 所示。

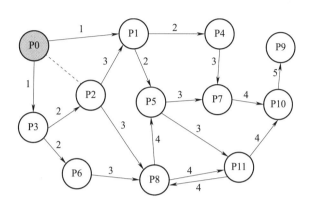

图 4-23 流言协议扩散消息的过程

二、实训二：构建 Kademlia 网络二叉树及节点的 k 桶路由表

一个 Kademlia 网络的节点 ID 长度为 3 位二进制，共包括 8 个节点（节点 ID 分别为 000，001，010，011，100，101，110，111），通过办公软件 PowerPoint 画出该 Kademlia 网络二叉树从节点 110 的角度分解出各二叉子树，并构建该节点的 k 桶路由表。步骤如下：

（1）用 PowerPoint 画出由该 Kademlia 网络所有节点构成的二叉树；

（2）基于距离的远近，节点 110 从自己的角度将该二叉树拆分为一系列连续的、不包含自己的子树，并用虚线圆圈在二叉树中画出该节点对应的所有子树；

（3）构建节点 110 的 k 桶路由表，在表 4-5 中列出每一个 k 桶中所包含的所有节点 ID 和这些节点与节点 110 的距离范围。

表 4-5 k 桶列表

k 桶序号	距离	k 桶中的节点
0	[1, 2]	111
……	……	……
……	……	……

思考题

1. 简述 P2P 模式同 C/S 模式相比的优缺点。

2. 对等网络有哪几种结构？各有什么特点？

3. 某非结构化 P2P 网络采用洪泛算法进行资源搜索，如图 4-24 所示，假设节点 A 查询的资源在节点 G 上，规定 TTL＝3，请问节点 A 是否能获得所需资源？若不能，请说明原因，若能，请标明网络中消息转发的 TTL 值变化过程。

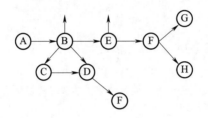

图 4-24 采用洪泛算法进行资源搜索

4. 根据洪泛算法和流言协议的优缺点，试说明二者所适用的场景。

5. 某系统采用 Kademlia 构建结构化 P2P 网络，网络中标识符空间范围为 0～1 024，且 $k=8$，$\alpha=3$，请完成以下问题：

（1）在该网络中，二叉树的高度是多少，每个节点划分的子树数量是多少？

（2）参照表 4-3，给出网络中节点的 k 桶信息。

（3）假设节点 A $(24)_{10}$ 需查找节点 B $(745)_{10}$，计算两节点之间的距离，并简要说明路由查找过程。

6. 对比非结构化网络，请从资源消耗、网络结构、路由速度、安全性 4 个方面概括 Kademlia 网络的优势。

7. 以太坊 P2P 网络的特征是什么？简述以太坊对等节点发现过程。

第五章
智能合约

　　本章首先介绍智能合约的基本知识和实现智能合约的基本步骤，结合智能合约的发展历史介绍智能合约得以实现的基本原理。通过阐述智能合约的概念，解释了智能合约与传统合约的区别，介绍了智能合约的优点和目前存在的问题，并通过案例说明智能合约的应用场景。本章详细解释了智能合约的抽象模型和通用架构，并说明了不同智能合约的架构。通过介绍智能合约运作的机理，解释了不同类型的智能合约语言以及编译和部署智能合约的方法。通过介绍典型智能合约，帮助读者理解实际智能合约的结构、运行机制、合约部署和调用流程。最后总结了智能合约的设计原则和开发智能合约的一些经验，并通过案例解释如何选择智能合约以及如何理解智能合约代码。

第一节　基本知识

考核知识点及能力要求：

• 了解智能合约的基本知识；

• 了解实现智能合约的基本步骤。

合约是指两方或多方在办理某事时，为了确定各自的权利和义务而订立的共同遵守的条文。智能合约保证合约能够在不受外界相关方干扰的条件下自动执行。智能合约广义上是指任何符合多方之间约定的计算机协议。也有人将其定义为一段有事件驱动的、具有状态的、运行在一个复制的且共享的账本之上的、能够保管账本上资产的程序。

智能合约的概念早在 1994 年就提出来了，但真正得以实现还是在区块链技术出现以后。实现智能合约需要完成开发、测试、部署等工作。不同的区块链平台提供了不同的语言支持智能合约的实现。

从结构上讲，智能合约由程序代码和规范合约条件及结果的软件组成，类似于面向对象程序中的类的独立代码，是具有数据和功能的可部署代码模块。其中功能（函数）用于验证、确认和启用对已发送消息的记录的特定目的。现实世界中的合约涉及要执行的规则、条件、法律、法规、标准、突发事件以及出处的条目（如日期和签名）。类似地，区块链环境中的智能合约实现了用于解决分布式问题的合约规则。

智能合约既充当规则引擎又充当网守（GateKeeper，GK），因此智能合约设计需要仔细考虑。修改为包括代码方面的智能合约的解释如下，即智能合约是区块链上的可执行代码，旨在以数字方式促进、验证、确认和执行应用程序的规则和规定。智能合约可以在没有第三方的情况下进行可靠的交易，这些交易是可追踪且不可逆的。

围绕区块链的设计和实现，本章将介绍区块链平台开发、编译、部署和测试智能合约的方法，解释如何分析问题、设计智能合约解决方案以及关于智能合约设计的良好实践。

第二节　智能合约发展历史

考核知识点及能力要求：

• 了解智能合约的发展历史；

• 熟悉智能合约得以实现的基本原理。

1994 年美国密码学家尼克·萨博将智能合约定义为执行合约条款的计算机化交易协议。尼克·萨博还提出了对合成资产（如衍生工具和债券）执行合同的建议。其设计初衷是在无须第三方可信权威的情况下，作为执行合约条款的计算机交易协议，嵌入某些由数字形式控制具有价值的物理实体，担任合约各方共同信任的代理，高效安全履行合约并创建多种智能资产。自动贩卖机、销售点情报管理（Point of Sales，PoS）系统、电子数据交换（Electronic Data Interchange，EDI）系统都可看作是智能合约的雏形。因为缺乏能够支持可编程合约的数字系统和技术，很长一段时间内智能合约没有得到广泛的应用。

2008 年比特币诞生后，人们认识到比特币的底层技术（即区块链）可以为智能合约提供可信的执行环境。以太坊重新使用了智能合约这一概念，在白皮书《以太坊：下一代智能合约和去中心化应用平台》中建立了一整套智能合约的规范与架构。

区块链的分布式账本技术不仅可以支持可编程合约，而且具有去中心化、不可篡改、过程透明可追踪等优点，适合于不受第三方控制按照预定的设定执行条款的智能合约。因此，也可以说，智能合约是区块链技术的特性之一。几乎所有类型的金融交易都可以被改造成在区块链上使用，包括股票、私募股权、众筹、债券和其他类型的金融衍生品如期货、期权等。区块链智能合约不仅可以被用来创建、确认、转移各种不同类型的数字资产，而且可以应用于多方参与的复杂业务应用场景，如电动车租赁、征信管理等。

【问题 5-1】为什么智能合约需要区块链技术来实现？

智能合约为什么用传统的技术很难实现，而需要区块链等新技术呢？

答：传统技术即使通过软件限制、性能优化等方法，也无法同时实现区块链的特性：①数据无法删除、修改，只能新增，保证了历史的可追溯，同时作恶的成本将很高，因为其作恶行为将被永远记录；②去中心化，避免了中心化因素的影响。基于区块链技术的智能合约不仅可以发挥智能合约在成本效率方面的优势，而且可以避免恶意行为对合约正常执行的干扰。将智能合约以数字化的形式写入区块链中，由区块链技术的特性保障存储、读取、执行整个过程透明可跟踪、不可篡改。同时，由区块链自带的共识算法构建出一套状态机系统，使得智能合约能够高效地运行。

第三节 智能合约概念

考核知识点及能力要求：

• 熟悉智能合约的概念；

• 了解智能合约与传统合约的区别；

• 熟悉智能合约的优点和目前存在的问题；

• 熟悉智能合约的应用场景。

一、智能合约的概念

智能合约是各参与方共同制定的由计算机程序描述的协议，表现为一段代码，无须第三方干预，当一个预先设置的条件被触发时，智能合约执行相应的条款。下面的代码即表示了一个简单的投票智能合约。

```
pragma solidity > = 0. 4. 22 < = 0. 6. 0;
contract BallotV1 {
    struct Voter {                    ①
        uint weight;
        bool voted;
        uint vote;
    }
```

```
struct Proposal {                    ②

    uint voteCount;

}

address chairperson;

mapping(address = > Voter) voters;       ③

Proposal[] proposals;

enum Phase {Init,Regs , Vote , Done}      ④

Phase public state = Phase. Init;

    }
```

其中，①定义了选民类型，包含选民详细信息；②定义了提案类型，包含提案详细信息，目前，只有 voteCount；③将选民地址映射到选民详细信息；④定义了投票的各个阶段（0，1，2，3），状态初始化为 Init 阶段。

1. 智能合约的功能

在支持智能合约的区块链中，交易嵌入了由智能合约实现的功能。图 5-1 中展示了投票智能合约。validateVoter( )，vote( )，count( ) 和 declareWinner( ) 等方法的调用会触发记录在区块链上的交易［Tx（validateVoter），Tx（vote），Tx（count），Tx（declare-Winner）等］。除了简单的加密货币转账功能，在区块链上部署任意逻辑的能力大大增强了区块链的适用性。

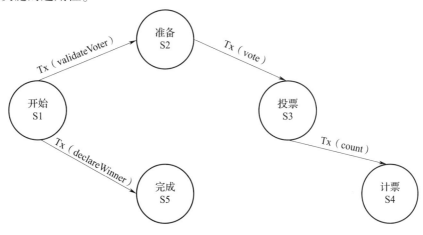

图 5-1　投票智能合约

智能合约是区块链应用程序的核心，包括以下功能：

（1）它代表用于验证和确认特定应用程序条件的业务逻辑层。

（2）它允许定义区块链上的操作规则。它促进了分布式网络中资产转移策略的实施。它嵌入了可以由参与者账户或其他智能合约账户的消息或函数调用的功能。这些消息及其输入参数，以及其他元数据（如发件人的地址和时间戳），是交易被记录在区块链的证明。

（3）它可以作为区块链应用程序的软件中介程序。

（4）它通过定义功能参数为区块链增加了可编程性和智能性。

具备所有这些关键功能，智能合约成为区块链应用程序的核心组件。

2. 智能合约与传统合约的比较

智能合约与传统合约有着明显的差别（见表5-1）。

表 5-1   智能合约与传统合约的比较

比较内容	智能合约	传统合约
触发条件	自动判断	人工判断
适应场景	适合客观性的请求	适合主观性的请求
成本	低成本	高成本
执行模式	事前预防	事后执行
违约成本	依赖于抵押品或保证金	高度依赖于法律的执行
适用范围	可以是全球的	受限于具体辖区

智能合约分为广义智能合约和狭义智能合约。广义的智能合约是指运行在区块链上的计算机程序，适用范围较广。狭义的智能合约运行在区块链基础架构上，其基于约定规则，由事件驱动、具有状态、能够保存是账本上资产，利用程序代码来封装和验证复杂交易行为，实现信息交换、价值转移和资产管理，是可自动执行的计算机程序。使用区块链网络，合约转换可以转化为可执行程序，也就是智能合约，从而带来较多应用可能性。这是因为智能合约可以为任何类型的业务对象制定治理规则，以便在执行智能合约时自动执行这些规则。例如，一个智能合约可能会确保满足条件的企业获得投标资格，或者根据预先安排的条款发放贷款，前者可改善投标流程，而后者

可优化借贷流程。智能合约的执行方式除了不用考虑第三方的干预和干扰，在工作效率上也比人工执行更高效。

二、智能合约的优点和缺点

1. 智能合约的优点

智能合约的优点包括可信性、执行无须第三方、高效实时更新、低成本。

（1）可信性。智能合约的承诺包含两方面：一是自动，无须信任和公正地执行合约；二是直接，在合约执行的各个环节中取消了中间人这一角色。智能合约的所有条款和执行过程是提前制定好的，并由计算机绝对执行。因此所有执行的结果都是准确无误的，不会出现不可预料的结果，因此是可信的。

（2）执行无须第三方。智能合约不需要中心化的权威来仲裁合约是否按规定执行，合约的监督和仲裁都由计算机来完成。在一个区块链网络中由共识机制来判断合约是否按规定执行，监督方式通常由 PoW 或 PoS 技术实现。由于智能合约的数字化特点，数据被存储在区块链中，使用加密代码强制执行协议，保证交易可追踪和不可逆转。

（3）高效实时更新。由于智能合约的执行不需要人为的第三方权威或中心化代理服务的参与，它能够在任何时候响应用户的请求，大大提升了交易进行的效率。用户只需通过网络对业务进行办理，节省了人力和物力。

（4）低成本。合约制定人在合约建立之初就确定合约的各个细节，就能充分利用智能合约去除人为干预的特点，大大减少合约履行、裁决和强制执行所产生的人力成本。

2. 目前存在的问题

（1）不可撤销性。智能合约自动履行合约内容，但在现实生活中，合同可能会因为一些不可抗力、违法等原因解除。但由于区块链的不可修改性，智能合约一旦触发就会自动履行，不可撤销。

（2）法律效力。智能合约的起草是需要通过第三方计算机程序员实现的。如果合约出现了因程序员责任导致的问题，如何由错误的程序追究相应的责任是需要解决的问题。在法律管辖权问题上，智能合约作为一种新兴合约方式，哪些法院可以受理诉讼、现有的法律条款应该如何修改等问题都是亟待解决的问题。

（3）安全漏洞。智能合约的漏洞分为交易顺序依赖漏洞、时间戳依赖漏洞、处理异常漏洞和可重入缺陷漏洞。攻击者可通过更改交易顺序、修改时间戳、调用可重入函数、触发处理异常等影响智能合约执行结果或窃取资金。依赖性漏洞是由于智能合约的执行正确与否与以太坊的状态有关，而有效的交易可能会影响以太坊的状态。当一个新的区块含有两笔交易时，交易的先后顺序可能会引起以太坊的最终状态不同，而交易的顺序取决于矿工，从而导致智能合约的执行依赖于矿工的操作。时间戳依赖漏洞是由于某些智能合约是根据区块中的时间戳所执行的，而时间戳是由矿工根据自身的时间所设置的，若时间被攻击者所修改，可能会导致产生一定风险。在不同的智能合约相互调用时可能出现处理异常漏洞，若被调用的合约产生错误返回值却没有被正确验证时，可能会遭受到攻击。若一个函数在执行完成前被调用了数次，导致发生意料不到的行为时，可重入缺陷漏洞就可能出现。可重入缺陷漏洞是指攻击者可以利用调用了智能合约而状态未改变的中间状态对合约进行反复的调用。

设计一个安全的智能合约的难点在于所有网络参与者都可能出于自身利益攻击或欺骗智能合约，设计者必须预见一切可能的恶意行为，并设置应对措施。为此，卢（Luu）等提出了一种可检查上述 4 种潜在安全漏洞的符号执行工具 Oyente。经 Oyente 检查发现，在 19 366 个以太坊智能合约中，有 8 833 个存在上述至少一种安全漏洞。此外，无可信数据源和待优化智能合约也将带来一定经济损失，攻击者可通过向合约输入虚假数据获取经济效益，用户则需为无用代码额外付费。陈（Chen）等提出了一个名为 Gasper 的智能合约高耗燃操作检测工具，可自动发现死代码、无用描述和昂贵的循环操作等。利用 Gasper，他们发现在以太坊中部署的超过 80% 的智能合约（4 240 个智能合约）至少存在上述一种高耗燃操作，而这些高耗燃操作一旦被大量调用就可能引发拒绝服务攻击。

（4）恶意合约。区块链及智能合约的去中心化、匿名性同样可能助长恶意合约的产生。违法者可通过发布恶意的智能合约对区块链系统和用户发起攻击，也可利用合约实现匿名的犯罪交易，导致机密信息的泄露、密钥窃取或各种真实世界的犯罪行为。

朱尔斯等提出了一种恶意智能合约——PwdTheft，用于盗取用户密码并保证立契约者和违法者之间的公平交易。"丝绸之路"是一个匿名的国际线上市场，它通常作为一个隐藏服务运作，并使用比特币作为支付媒介。丝绸之路上销售的大部分商品都是现实世界中被控制的商品，如毒品、枪支等。智能合约将使这些地下市场交易更加便捷，最终对社会造成危害。

三、智能合约的应用场景

在法律层面，区块链智能合约可以被看作为智能合同，即运用区块链技术来实现法律合同，将书面化的法律语言转化为可被自动化执行的技术。以数字版权保护为例，类似于自由文化影响下的知识共享协议的开放式版权协议不断出现，保证版权的使用行为是数字版权保护的核心问题。传统的版权保护具有时间和空间的限制，在版权登记和监管机制等方面容易受到影响，数字版权保护适应了数字资产形式变化多样、易传播的特点，可以改善上述问题。在版权登记方面，利用区块链技术原理中计算值的唯一性和不可篡改性，对不同的作品生成不同的计算值，将计算值视为作品的一种表示方式进行关联，可以减少作品追溯和存储的成本，简化作品查询流程。在署名方式方面，使用数字身份对计算值对应的作品进行署名，使用加密技术对数字作品进行保护，保障作品不会被篡改。根据合约代码和自然语言的比例，智能合约有两种表现形式。一种是完全以代码形式编写的合约，另一种是以代码和自然语言两种形式书写的合约。如果法律认为无论是以自然语言书写还是以计算机语言编写，都视为合同的书面形式，法律效力是相同的，那么两种语言编写的合约构成了完整的合同。对第二种合同而言，其是以两种语言表现的，如果两个版本合约内容上有冲突，决定采用哪一个版本都需要法律进一步明确，并给出相应的司法解释。在金融层面，智能合约可以作为经济活动参与者，接收和存储信息，消除人工参与，降低成本，保证合约交易的高效。

【问题5-2】如何在公益慈善中使用智能合约？

答：区块链在公益慈善的应用有助于资金信息公开透明，加强监管和监督。由于区块链的分布式存储架构，可以在不同用户处放置不同权限的节点，让不同用户参与到管理中，保证发布的捐助消息可追踪和不可修改。通过不断互联，使区块链形成互联链、链中链，按照统一标准进行管理监管，解决慈善公益的监管和监督问题。使用提前制定好的条款和执行过程的智能合约，还可以解决传统慈善项目中复杂的流程和暗箱操作等问题。因为智能合约在计算机的绝对控制下进行并且部署之后不可修改，确保了任何一方都不能干预合约的执行。使用智能合约，高效实时地更新捐赠信息，可以准确执行每一笔善款的支出。

第四节　智能合约架构

考核知识点及能力要求：

- 熟悉智能合约抽象模型；
- 熟悉智能合约通用架构。

一、智能合约的抽象模型

图 5-2 解释了程序状态机模型下的区块链智能合约抽象模型。一段代码（智能合约）被部署到共享的、复制的分布式账本中，可以维护自身的状态，控制自身的资产并回应接收到的外部信息或者资产。公共记账本是一种状态转换系统，记录任何账户所持有货币的所有权状态以及预先定义的"状态转换函数"。当该系统接收到一个（可以由交易或者可信外部事件引发）含有状态改变的事务时，它将根据"状态转换函数"输出一个新的状态，并将该输出状态（以一种所有人都信任的方式）写入公共

记账本。这一过程可以往复进行。

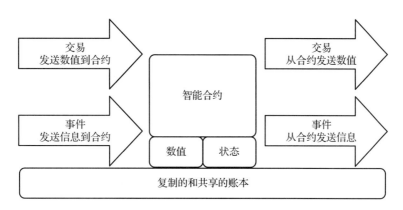

图5-2　区块链智能合约抽象模型

二、智能合约通用架构

如图5-3所示以太坊架构，狭义的智能合约可看作是运行在区块链上的计算机程序，作为计算机程序，智能合约的开发、部署和调用将涉及包括编程语言、集成开发环境（Integrated Development Environment，IDE）、开发框架、客户端等多种专用开发工具。区块链智能合约的通用架构包括编程语言集成开发环境、部署环境和运行环境。

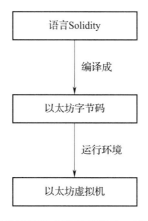

图5-3　区块链智能合约通用架构：以以太坊为例

第五节　智能合约运作机理

考核知识点及能力要求：

• 熟悉智能合约运作的机理；

• 熟悉智能合约语言的不同类型；

• 熟悉编译和部署智能合约的方法。

一、智能合约运行原理

介绍运行原理之前，先介绍世界状态这个概念。世界状态是地址（账户）到账户状态的映射。虽然世界状态不保存在区块链上，但世界状态可由树来保存数据（此树也被称为状态数据库或者状态树）。世界状态可以被视为随着交易的执行而持续更新的全局状态，其保存了区块链所有的账户信息。如果想知道某一账户的余额，或者某智能合约当前的状态，就需要通过查询世界状态树来获取该账户的具体状态信息。如图 5-4 所示，智能合约一般具有值和状态两个属性，代码中用条件判断（If-Then）和假设分析（What-If）语句预置了合约条款的相应触发场景和响应规则，智能合约经多方共同协定、各自签署后随用户发起的交易提交，经点对点对等网络传播、矿工验证后存储在区块链特定区块中，用户得到返回的合约地址及合约接口等信息后即可通过发起交易来调用合约。基于系统预设的激励机制，矿工将贡献自身算力来验证交易，矿工收到合约创建或调用交易后在本地沙箱执行环境（如以太坊虚拟机）中创建合约或执行合约代码，合约代码根据可信外部数据源（也称为预言机，Oracles）和世界状态的检查信息自动判断当前所处场景是否满足合约触发条件以严格执行响应规则并更新世界状态。交易验证有效后被打包进新的数据区块，新区块经共识算法认证后链接到区块链主链，运行合约产生的所有更新得以生效。由于区块链种类及运行机制的差异，不同平台上智能合约的运行机制也有所不同，以太坊和超级账本是目前应用广泛的两种智能合约开发平台，它们的智能合约运行机制具有代表性，本章第六节将以这两种平台为例，详细阐述智能合约的运行机制。

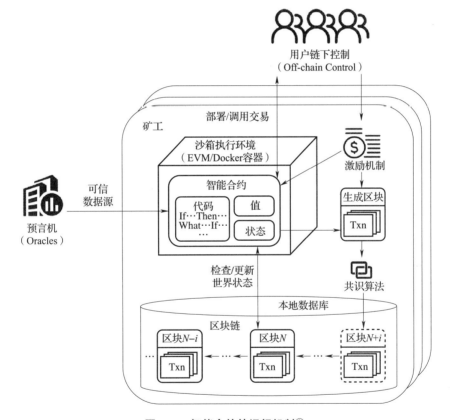

图 5-4　智能合约的运行机制①

基于区块链的智能合约包括事务处理和保存的机制，以及一个完备的状态机，用于接受和处理各种智能合约，并且事务的保存和状态处理都在区块链上完成。事务主要包含需要发送的数据，而事件则是对这些数据的描述信息。事务及事件信息传入智

---

① 图片来源：欧阳丽炜，王帅，袁勇，等.智能合约：架构及进展［J］.自动化学报，2019，45（03）：445-457.

能合约后，合约资源集合中的资源状态会被更新，进而触发智能合约进行状态机判断。如果自动状态机中某个或某几个动作的触发条件满足，则由状态机根据预设信息选择合约动作自动执行。

基于区块链的智能合约构建及执行包括以下 3 步：①多方用户共同参与制定一份智能合约；②合约通过点对点对等网络扩散并存入区块链；③区块链构建的智能合约自动执行。

步骤 1 "多方用户共同参与制定一份智能合约"的过程如下：

（1）首先用户必须先注册成为区块链的用户，区块链返回给用户一对公钥和私钥。公钥作为用户在区块链上的账户地址，私钥作为操作该账户的唯一钥匙。

（2）两个以及两个以上的用户根据需要，共同商定了一份承诺，承诺中包含了双方的权利和义务。这些权利和义务以电子化的方式变成计算机程序语言。参与者分别用各自私钥进行签名以确保合约的有效性。

（3）签名后的智能合约将会根据其中的承诺内容传入区块链网络中。

步骤 2 "合约通过点对点对等网络扩散并存入区块链"的过程如下：

（1）合约通过点对点对等网络的方式在区块链全网中扩散，每个节点都会收到一份。区块链中的验证节点会将收到的合约先保存到内存中，等待新一轮的共识时间，触发对该份合约的共识和处理。

（2）在共识阶段，验证节点会将最近一段时间内保存的所有合约打包成一个合约集（Set），并算出这个合约集合的哈希值，最后将这个合约集合的哈希值组装成一个区块结构，扩散到全网，其他验证节点收到这个区块结构后，会将其包含的合约集合的哈希值取出来，与自身保存的合约集合进行比较，同时发送一份自身认可的合约集合给其他的验证节点。通过多轮的发送和比较，所有的验证节点最终在规定的时间内对最新的合约集合达成一致。

（3）最新达成的合约集会以区块的形式扩散到全网，如图 5-5 所示，每个区块包含以下信息：当前区块的哈希值、前一区块的哈希值、达成共识时的时间戳以及其他描述信息；同时区块链最重要的信息是带有一组已经达成共识的合约集。收到合约集的节点，都会对每条合约进行验证，检查合约参与者的私钥签名是否与账户匹配，如果匹配，则验证通过。验证通过的合约会最终被写入区块链中。

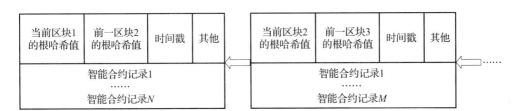

图5-5 合约区块链示意图

步骤3 "区块链构建的智能合约自动执行"的过程如下：

（1）智能合约会定期检查自动机状态，逐条遍历每个合约内包含的状态机、事务以及触发条件，将条件满足的事务推送到待验证的队列中，等待共识阶段的启动，未满足触发条件的事务将继续存放在区块链上。

（2）进入最新轮验证的事务，会扩散到每一个验证节点，与普通区块链交易或事务一样，验证节点首先进行签名验证，确保事务的有效性。验证通过的事务会进入待共识集合，等大多数验证节点达成共识后，事务会成功执行并通知用户。

（3）事务执行成功后，智能合约自带的状态机会判断所属合约的状态，当合约包括的所有事务都顺序执行完后，状态机会将合约的状态标记为完成，并从最新的区块中移除该合约。反之将标记为进行中，继续保存在最新的区块中等待下一轮处理，直到处理完毕。整个事务和状态的处理都由区块链底层内置的智能合约系统自动完成，全程透明、不可篡改。

二、智能合约语言

智能合约包括以下类型。

（1）脚本型智能合约。比特币中的智能合约为脚本型智能合约。由于比特币中的脚本仅包含指令和数据两部分，其中涉及的脚本指令只需要完成有限的交易逻辑，不需要复杂的循环、条件判断和跳转操作，功能有限但编写较为容易，支持的指令小于200条。

（2）图灵完备型智能合约。图灵完备型智能合约是指主要运行在以太坊和超级账本等区块链平台中，可实现各种复杂业务功能的智能合约。目前，以太坊主要使用 Solidity 和 Serpent 两种智能合约开发语言。超级账本则使用 Golang 和 Java 两种语言开发智能合约。

（3）可验证合约型智能合约。Kadena 项目中的智能合约为可验证合约型智能合约。可验证语言的语法类似于 Lisp 语言，用于编写运行在区块链 Kadena 上的智能合约，可实现合约的数据存储和授权验证等功能。为防止在复杂合约的编程过程中可能存在的安全漏洞以及因此而带来的风险，可验证合约型语言采用非图灵完备设计，不支持循环和递归。该语言编写的智能合约代码可以直接嵌入在区块链上运行，不需要事先编译成为运行在特定环境（如以太坊虚拟机）的机器代码。

表 5-2 比较了不同智能合约语言的运行平台、图灵完备性、开发难易程度、数据存储类型、应用复杂性和应用安全性。

表 5-2　　　　　　　　　　　　　　　　智能合约语言的比较

语言	运行平台	是否具有图灵完备性	开发难易程度	数据存储类型基础	应用复杂性	应用安全性
比特币脚本	比特币	否	操作码数量少，较易开发	交易	简单	较高
Solidity/Serpent/Mutan/LLL	以太坊	是	易于掌握，容易开发	账户	复杂	一般
Pact	Kadena	否	代码语法利于执行，但开发难	表	一般	较高
Go/Java	超级账本Fabric	是	Java 开发较难，Go 开发稍难	账户	复杂	一般
C/C++	EOS	是	低级语言，开发很难	账户	复杂	一般

需要指出的是，Solidity 是一种受 C++，Python 和 JavaScript 影响的，用于实现智能合约的面向对象的高级语言。其实体是静态类型的，并支持继承、库和用户定义的类型。它还为开发区块链应用程序提供了许多有用的功能。Solidity 的语法和语义与许多编程语言相似，所以本书不会明确讨论 Solidity 的语言元素，而是会使用代码段逐步介绍和解释它们。

三、部署区块链智能合约

发送一个包含智能合约的编译代码的交易到区块链平台，就可以完成部署智能合约的过程。在智能合约被部署后，任何符合要求的用户都可以通过提交交易的形式调用该合约中的接口函数。对以太坊来说，一次成功的函数调用将启动以太坊虚拟机；然后，虚拟机提取该合约代码并在该以太坊虚拟机内被执行；最后，执行后的结果也将以交易形式存储到区块链中。

四、运行合约代码

现有区块链系统中，智能合约的实现技术可以按照智能合约运行的环境进行划分，具体可分为 3 类：嵌入式运行、基于虚拟机运行和容器式运行。表 5-3 列举了现有的主流区块链系统及其智能合约的应用类型、运行环境和编程语言。比特币、以太坊和超级账本是当前最为成熟和应用最为广泛的智能合约平台。

表 5-3　　　　　　　不同区块链系统智能合约运行环境和语言比较

区块链系统	应用类型	智能合约运行环境	智能合约语言
以太坊	通用应用	以太坊虚拟机	Solidity, Serpent, Mutan
超级账本 Fabric	通用应用	容器	Golang, Java
比特币	加密货币	嵌入式运行	Golang, C++
Zcash	加密货币	嵌入式运行	C++
Quorum	通用应用	以太坊虚拟机	Golang
Parity	通用应用	以太坊虚拟机	Solidity, Serpent, Mutan
Litecoin	加密货币	嵌入式运行	Golang, C++
Corda	数字资产	Java 虚拟机	Kotlin, Java
Sawtooth	通用应用	嵌入式运行	Python

以以太坊开发平台为例，智能合约运行机制主要包含生成代码、编译、提交和确认阶段。

生成代码：智能合约一般具有值和状态两个属性，代码中用 If-Then 和 What-If 语句预置了合约条款的相应触发场景和响应规则，在合约各方面内容都达成一致的基础上，评估确定该合同是否可以通过智能合约实现，即"可编程"，然后由程序员利用合适的开发语言将以自然语言描述的合同内容翻译为可执行的机器语言。

编译：利用开发语言编写的智能合约代码一般不能直接在区块链上运行，而需要在特定的环境（以太坊为 EVM，超级账本为 Docker 容器）中执行，所以在将合约文件上传到区块链之前需要利用编译器对原代码进行编译，生成符合环境运行要求的字节码。

提交：智能合约的提交和调用是通过交易完成的，当用户以交易形式发起提交合约文件后，通过点对点对等网络进行全网广播，各节点在进行验证后将合约文件存储在区块中。

确认：被验证后的有效交易被打包进新区块，通过共识机制达成一致后，新区块添加到区块链的主链。根据交易生成智能合约的账户地址，之后可以利用该账户地址通过发起交易调用合约，节点对经验证有效的交易进行处理，被调用的合约在环境中执行。

智能合约的生命周期根据其运行机制可概括为协商、开发、部署、运维、学习和自毁 6 个阶段，其中开发阶段包括合约上链前的合约测试，学习阶段包括智能合约的运行反馈与合约更新等。

第六节　典型智能合约

考核知识点及能力要求：

• 熟悉典型智能合约平台的结构、运行机制、合约部署和调用流程。

一、以太坊和超级账本的特点和应用领域

智能合约已在许多区块链系统上成功实现，比较著名的系统有以太坊和超级账本 Fabric。以太坊是维塔利克·布特林在 2013 年受比特币发展的启发而提出的，其由于支持用户开发智能合约的功能，被称为第二代区块链系统。利用智能合约，在以太坊上可以创建任何去中心化的应用。超级账本 Fabric 是一个为部署商业应用许可区块链而设计的系统，具有良好的灵活性和通用性，支持种类繁多的非确定性智能合约（链码）和可插拔的服务，可插拔组件使得其具有灵活的可扩展性。以太坊和超级账本 Fabric 在架构设计上面向不同的应用领域。前者定位为完全独立于任何特定应用领域的通用平台，具有对应的账户和代币功能，允许智能合约作为特殊的账户部署在区块链节点上，应用程序通过应用程序接口调用节点上的智能合约来产生交易，变更区块状态。而后者为模块化和可扩展的架构，不具有自身的代币，共识机制采用实用拜占庭容错算法而非以太坊的工作量证明，具有较高的共识效率，而且共识服务从背书节点分离，独立形成可插拔模块，可扩展性强。其主要作为联盟链，面向银行、医疗保健和供应链等行业。因此，基于两个平台的智能合约也具有各自的特点。

基于以太坊虚拟机的智能合约平台，利用以太坊虚拟机，可以运行具有任何交易方式、任何资产类型、任何权限分配等级的去中心化应用，这使得基于 EVM 的智能合约相比于脚本智能合约有更强大的普适性，不仅在加密货币领域，在数字资产、股权、征信、物联网、医疗等其他领域也能发挥巨大作用。

基于 Docker 容器的超级账本 Fabric 平台同样可以运行具有通用功能的智能合约代码，而且因其引入了多通道设计，使得不同通道互联节点之间的数据被隔离，相比以太坊虚拟机平台具有更好的隐私性，适用于数据敏感型商业应用。

二、以太坊智能合约

以太坊包含一个以太坊虚拟机，它是一个完全独立的沙箱，合约代码在虚拟机内部运行并且对外隔离。下面介绍以太坊虚拟机的主要机制。

1. 燃料（Gas）计费机制

在以太坊系统中，为了防止区块链网络资源滥用或由图灵完备引起的无限循环故障，任何可编程的计算都受计费限制。该计费机制以 Gas 为单位，创建智能合约、调用消息、访问账户存储的数据，并且虚拟机上的运行操作都对应一定的 Gas 计费标准。Gas 计费的引入为智能合约的运行提供了机制上的安全保障，一旦 Gas 超过计费限制（GasLimit），整个交易将会被回滚，以保证数据的完整性和安全性。

2. 以太坊虚拟机

以太坊虚拟机被部署在执行智能合约操作码的各个节点之上，负责对智能合约进行指令解码，并按照堆栈完全顺序执行代码。其结构不同于标准的冯诺依曼模型，程序代码并非保存在通用内存和永久存储，而是被置于特殊的交互式虚拟 ROM 中。其内存模型和存储模型分别为基于简单字地址的字节数组和字数组，并有可变和不可变之分。虚拟机提供简单栈式结构，为了与 Keccak256 哈希算法和椭圆曲线算法相匹配，栈的元素大小被设计为 256 位。以太坊虚拟机本身运行一个状态函数，也称状态机，用于持续监测状态的变化。当新的进程触发时，以太坊虚拟机运行代码并将一定数据写入内存或永久存储，每一个新状态都基于上一个状态改变。

3. 合约的创建与运行过程

以太坊系统中，创建合约可看作为一种特殊的交易过程，合约创建函数利用一系列固定参数实现新合约的创建，并产生一组新的状态，过程如下：

$$(\sigma', g', A) \equiv \Lambda(\sigma, s, o, g, p, v, i, e)$$

其中，σ 为系统状态，s 为交易发送者，o 为交易源账户主体，g 为可用燃料，p 为燃料价格，v 为账户金额，i 为初始化以太坊虚拟机代码，e 为创建合约栈的深度，σ' 为系统新状态，g' 为剩余燃料，A 为子状态。最终，通过执行初始化 EVM 代码，创建新的合约账户，产生账户地址、存储空间以及账户的主体代码。该过程中，除去发生交易所消耗的燃料，代码创建的燃料消耗量与所创建合约的代码量成正比。然而，一旦燃料剩余量小于代码创建所需燃料，则会产生燃料异常（Out of Gas，OOG），并且燃料剩余量将被置为零，也不再创建新的合约。合约运行模型则描述了在接收一系列字节码和环境数据元组之后，系统状态的转变方式。在实际运行中，该模型由全系统状态和虚拟机状态的迭代过程构成。迭代器不停地运行迭代函数，直到虚拟机因状态异常（如燃料不足）而暂停，或因产生正常结果数据而暂停。

如图 5-6 所示，智能合约的部署流程为：

（1）编写智能合约代码，形成合约代码文件（如 Sample. sol）；

（2）通过智能合约编译器对代码文件进行编译，将其转换成可以在以太坊虚拟机执行的字节码；

（3）向区块链节点 RPC API 发送创建交易（部署合约）请求，交易被验证合法后，识别为合约创建交易，检查输入数据，进入交易池；

（4）矿工打包该交易，生成新的区块，并广播到点对点对等网络；

（5）节点接收到区块后对交易进行验证和处理，为合约创建以太坊虚拟机环境，生成智能合约账户地址，并将区块入链；

（6）API 获取智能合约创建交易的收据，得到智能合约账户地址，部署完成。

智能合约调用流程与部署流程类似，也是通过 RPC API 创建交易，并由验证节点对交易进行处理，调用以太坊虚拟机实例，变更状态。

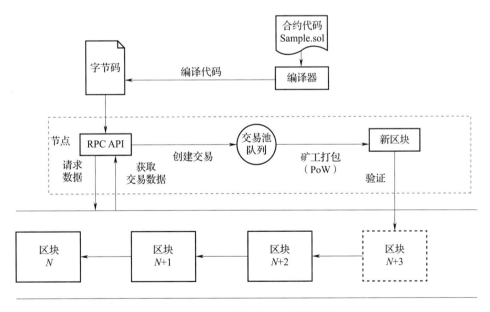

图 5-6　以太坊智能合约部署流程

三、超级账本智能合约

超级账本 Fabric 最早是由 IBM 牵头发起的致力于打造区块链技术开源规范和标准的联盟链，2015 年起成为开源项目并移交给 Linux 基金会维护。不同于比特币、以太坊等全球共享的公有链，超级账本 Fabric 只允许获得许可的相关商业组织参与、共享和维护，由于这些商业组织之间本身就有一定的信任基础，超级账本 Fabric 被认为并非完全去中心化。超级账本 Fabric 使用模块化的体系结构，开发者可按需求在平台上自由组合可插拔的会员服务、共识算法、加密算法等组件组成目标网络及应用。链码是超级账本 Fabric 中的智能合约，开发者利用链码与超级账本交互以开发业务、定义资产和管理去中心化应用。联盟链中每个组织成员都拥有和维护代表该组织利益的一个或多个对等节点，联盟链由多个组织的对等节点共同构成。对等节点是链码及分布式账本的宿主，可在 Docker 容器中运行链码，实现对分布式账本上键值对或其他状态数据库的读/写操作，从而更新和维护账本。

超级账本 Fabric 的运行过程包含三个阶段：

1. 提议（Proposal）

应用程序创建一个包含账本更新的交易提议，并将该提议发送给链码中背书策略指定的背书节点集合（Endorsing Peers Set）做签名背书。每个背书节点独立地执行链码并生成各自的交易提议响应后，将响应值、读/写集合和签名等返回给应用程序。当应用程序收集到足够数量的背书节点响应后，提议阶段结束。

2. 打包（Packaging）

应用程序验证背书节点的响应值、读/写集合和签名等，确认所收到的交易提议响应一致后，将交易提交给排序服务节点（Orderer）。排序节点对收到的众多交易进行排序并分批打包成数据区块后将数据区块广播给所有与之相连接的对等节点。

3. 验证（Validation）

与排序节点相连接的对等节点逐一验证数据区块中的交易，确保交易严格依照事先确定的背书策略由所有对应的组织签名背书。验证通过后，所有对等节点将新的数据区块添加至当前区块链的末端更新账本。需要注意的是，此阶段不需要运行链码，链码仅在提议阶段运行。链码、交易通过链码执行、超级账本嵌在交易中，所有验证节点在确认交易时必须执行。执行环境是一个定制化、安全的沙箱，链码中需要持久化的状态，可以存储在世界状态中。

链码在超级账本上安装部署及运行的流程如图5-7所示，具体过程如下：

（1）链码源码以链码部署规范（Chaincode Deployment Spec，CDS）签名生成CDS包；

（2）通过生命周期系统链码，将链码部署规范包安装在同一通道内的背书节点上，生成运行在节点上的链码；

（3）应用程序通过应用软件开发包发送请求到背书节点；

（4）节点通过链码执行交易并将执行结果返回给应用程序；

（5）应用程序收集结果，将结果发送给共识排序服务节点（Orderer）；

（6）共识节点执行共识过程并生成区块验证结果；

（7）背书节点各自验证交易并提交到超级账本区块中。

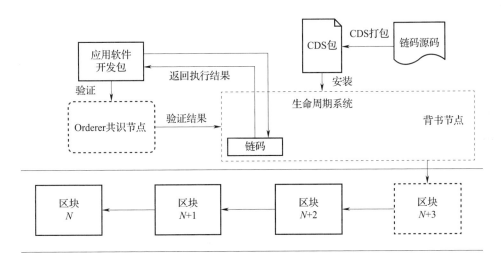

图5-7 超级账本链码的部署和执行流程

四、智能合约比较

表5-4比较了以太坊和超级账本智能合约的特性。

表 5-4 以太坊和超级账本智能合约的比较

智能合约特性	以太坊平台	超级账本 Fabric 平台
执行环境	以太坊虚拟机	Docker
编写语言	Solidity，Serpent，Mutan	Golang，Java
合约部署	作为交易广播到所有节点，通过矿工挖矿完成部署	直接在所有节点部署
合约升级	无法升级	V1.0 版本可以升级
合约间调用	可调用	许可后可调用
合约终止方式	计步计价，引入燃料消耗，对每一个执行命令都消耗燃料，燃料消耗完毕强行终止合约	计时，以运行时间为标准判定程序是否进入无限循环，超时后强行终止合约
库函数	少量对整数、字符串、JSON 等封装的库	Golang 库
加密货币	内置加密货币以太币，可以利用合约交易加密货币或者创建通证	无内置加密货币，但可利用链码创建通证

除了本章所介绍的主流平台，还有其他一些平台也支持智能合约。如 BOSCoin，ByteBall，Corda，ETH，RSK 和 Zen 等。

第七节 能力实践

考核知识点及能力要求：

• 熟悉分析问题，设计、开发、测试和部署智能合约的流程和方法；

• 熟悉智能合约开发中的良好实践；

• 能够用类图分析智能合约。

以智能合约从协商、开发到部署的生命周期为顺序，合约各方首先将就合约内容进行协商，合约内容可以是法律条文、商业逻辑和意向协定等。此时的智能合约类似于传统合约，立契者无须具有专门的技术背景，只需根据法学、商学、经济学知识对合约内容进行谈判与博弈，探讨合约的法律效力和经济效益等合约属性。随后，专业的计算机从业者利用算法设计、程序开发等软件工程技术将以自然语言描述的合约内容编码为区块链上可运行的 If-Then 或 What-If 式情景-应对型规则，并按照平台特性和立契者意愿补充必要的智能合约与用户之间、智能合约与智能合约之间的访问权限与通信方式等。

开发智能合约的过程包括描述和分析问题、使用类图设计合约、开发合约以及部署和测试合约 4 个步骤（见表 5-5）。

表 5-5 开发智能合约的过程

序号	步骤	过程成果
1	描述和分析问题	确定是否可以用智能合约
2	使用类图设计合约	包含数据和方法的类图
3	开发合约	合约代码及单元测试用例
4	部署和测试合约	可用的智能合约

一、智能合约适用的场景

区块链适合解决的问题具有以下特点：

（1）问题中的参与者是分布式的，无须处于同一地点；

（2）不涉及中介的对等交易；

（3）参与的各方不需要信任；

（4）需要在带有通用时间戳的不可变账本中进行验证、确认和记录；

（5）在规则和策略的指导下进行自主操作。

简言之，智能合约适用于解决那些涉及各方的共同协议，数据需要防丢失、防篡改、透明化并且无须第三方监管的问题。智能合约对链中的所有参与者都是透明的，并将在所有节点上执行。如果需要基于强制执行的规则、法规或政策的集体协议，并且必须记录决策（以及决策依据）时，就需要智能合约。智能合约不适用于单节点计算，它也不能代替客户端/服务器或本质上无状态的分布式解决方案。智能合约通常是更广泛的分布式应用程序的一部分——需要区块链提供的服务的部分。

【问题 5-3】以下这个问题可以用智能合约来解决吗？

投票问题：主席的投票权重为 2，其他人的投票权重为 1，每个投票人必须先由主席注册，然后才能投票。每个投票人只能投票一次，投票过程要保证正确分配投票权、自动计票且过程透明。

答：可以用智能合约来解决这个问题。因为可以保证分配合理的权限给正确的人，并且防止篡改，过程是透明的。

二、设计智能合约的方法

1. 设计原则

（1）在进行编码、开发和在测试链上部署智能合约之前，须进行设计并在将其部署到生产区块链上之前对其进行全面测试，因为在部署智能合约时，它是不可变的。设计智能合约即定义智能合约的内容，其中包括：①数据；②函数，即对数据进行操作的功能；③操作规则。

（2）定义系统的用户和用例。用户是生成动作和输入并从要设计的系统接收输出的实体。

（3）定义要设计的系统的数据资产、对等参与者及其角色、要执行的规则以及要记录的交易。

（4）定义一个合约图，该合约图指定名称、数据资产（即数据结构与变量）、方法以及用于执行功能和访问数据的规则。

传统的面向对象程序设计的典型 UML 类图如图 5-8a 所示，包含三个组成部分：类名（包括类与变量）、数据定义和方法（或称函数）定义。图 5-8b 的智能合约图中的数据结构与图 5-8a 的类近似，它还有一个附加组件：修饰符以及访问数据和方法的规则。该组件将智能合约图与传统类图区分开。其中修饰符指定规则以控制对数据和方法的访问，规则验证参数并控制方法的执行。

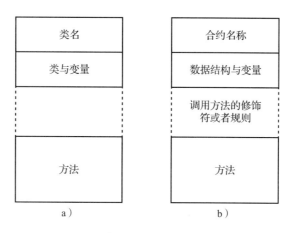

图 5-8　类图和智能合约图的比较

智能合约的设计要保持代码简单、一致且可审核。智能合约中指定的状态变量和方法应分别解决一个问题，不包含冗余数据或不相关的功能。

2. 设计智能合约的良好实践

（1）使用静态分析工具 Lint。静态分析是通过自动扫描程序代码发现隐藏的程序问题，该程序分析代码中的编程错误。在智能合约开发中，这对于捕获编译器可能错过的"代码风格不一致"和"易受攻击的代码"很有用。安全分析工具可识别智能合约漏洞。这些工具运行一套漏洞检测程序，并输出发现的所有问题的摘要。开发人员可以在整个实施阶段使用此信息来查找和解决漏洞。

（2）了解安全漏洞。智能合约是"不可变更的"。有时无法升级已生效的合约。在这方面，智能合约比软件开发更接近于虚拟硬件开发。为避免合约错误导致巨大的财务损失，智能合约开发需要与网页开发完全不同的心态，不能强调网页开发的"快速行动并打破常规"原则，反之，需要预先投入大量资源来编写无错误的软件。作为开发人员必须：①熟悉智能合约编程语言的安全性漏洞；②理解智能合约编程语言的设计模式，例如，付款的拉与推送方式以及"检查—更改—交互"等方式；③使用防御性编程技术——静态分析和单元测试；④审计代码。

167

3. 编写单元测试

借助全面的测试套件，尽早发现错误和意外行为。不同的场景测试协议可帮助识别极端情况。

4. 衡量测试覆盖率

仅仅编写测试用例是不够的，测试套件必须可靠地捕获回归测试。用测试覆盖率衡量测试的有效性。具有较高测试覆盖率的程序在测试期间将执行更多代码。这意味着与覆盖率较低的代码相比，它更容易发现未被检测到的错误。例如，使用 solidity-coverage 收集 Solidity 代码覆盖率。

5. 配置持续集成

拥有测试套件后，须"尽可能频繁地"运行它。有几种方法可以实现此目的：如设置 Git Hook，或者设置一个持续集成（Continuous Integration，CI）管道，在每次 Git 推送后执行测试。如果需要使用现成的持续集成，可查看 Truffle 团队或 super blocks，它们为连续进行智能合约测试提供了托管环境。

6. 安全审计合约

安全审计可帮助发现防御性编程技术（linting、单元测试、设计模式）所遗漏的未知问题。在这个探索阶段，需要尽最大努力破坏合约，例如，提供意外的输入，以不同的角色调用函数等。

7. 以安全的方式存储密钥

以安全方式存储以太坊账户的私钥，例如：①安全地生成熵；②不要在任何地方发布或发送助记词。如果必须要用，须使用加密的通信通道，如 Keybase Chat。

【案例 5-1】理解智能合约代码

读者可以通过阅读合约代码并绘制其类图的方式学习智能合约。图 5-9 展示了根据合约代码绘制的智能合约类图。

关于开发、部署和测试智能合约的详细方法，将在《区块链工程技术人员（初级）——区块链工程技术能力实践》第一章开发智能合约中进行阐述。

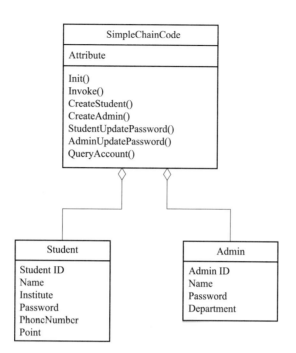

图 5-9　智能合约图设计

思考题

1. 解释智能合约与一般软件代码的差异。

2. 智能合约的优点和存在的问题有哪些？

3. 智能合约适合应用于哪些场景？

4. 画出智能合约运行的逻辑流程。

5. 典型智能合约的编译和部署方法有哪些不同？

6. 设计智能合约应该考虑哪些特点？

7. 开发智能合约有哪些重要的经验？

第六章
区块链安全性分析

区块链系统是一种分布式的计算机信息系统。它与所有计算机信息系统一样，当系统形成较大规模应用时就会形成"网络效应"，从而产生巨大的应用价值。"安全"则是保证其大规模应用的关键。

本章首先参考传统信息安全三要素，从机密性、完整性、可用性三个角度，分析区块链系统的安全属性。然后，参考区块链技术架构层次模型，从数据层、网络层、共识层、合约层和应用层角度，逐层介绍相关安全要求。接着，介绍可用于区块链安全测试的 4 种主要方法，包括静态安全扫描、动态安全扫描、系统漏洞扫描和渗透测试。最后，通过具体能力实践的案例和实训，综合运用上述知识，初步掌握区块链安全评估表和安全测试用例的设计，以及相关安全测试工具的使用。

第一节　区块链信息安全属性

考核知识点及能力要求：

• 理解信息安全三要素；

• 了解区块链信息安全的机密性及相关增强性技术；

• 了解区块链信息安全的完整性及相关增强性技术；

• 了解区块链信息安全的可用性及相关增强性技术。

一、传统信息安全的三要素

信息系统是由计算机硬件、网络和通信设备、计算机软件、信息资源、信息用户和规章制度组成的以处理信息流为目的的人机一体化系统。典型的信息系统包括：事务处理系统（Transaction Processing System，TPS）、管理信息系统（Management Information Systems，MIS）、决策支持系统（Decision Support System，DSS）等。信息系统的核心功能就是对"信息资产"进行有效管理，包括对信息的输入、存储、处理、输出和控制。

信息资产指对组织有价值的信息及其载体。信息是无形的，其存在需要借助各种物理载体，因此，信息资产保护很大程度上是保护信息载体。信息价值越高，承载信息的载体价值也越高，需要保护的程度也越高。

信息安全的核心就是对信息资产的机密性、完整性和可用性的保护，三者统称为信息安全三要素。

(1) 机密性（Confidentiality）：使信息不泄露给未授权的个人、实体、进程，或不被其利用的特性[1]。即确保信息只被授权用户使用。常见的机密性保护手段包括：密码学加密等信息保密技术，防窃听和防辐射等电子保密技术，限制、隔离、掩蔽、控制等物理保密措施，认证（Authentication）及授权（Authorization）等访问控制措施。

(2) 完整性（Integrity）：使信息数据没有遭受以未授权方式所作的更改或破坏的特性[2]。即确保信息只被授权用户修改，而在使用、存储、传输等过程中都保持一致性。常见的完整性保护手段为密码学中数字签名（Digital Signature）技术。

(3) 可用性（Availability）：已授权实体一旦需要就可访问和使用的数据和资源的特性[3]。即确保信息必须在业务需要时可被访问。可用性保护涉及对节点、网络、存储、计算、身份、软件等的保护，任何对这些对象的攻击和破坏，都可能损害可用性。

信息安全三要素之间的关系有如图 6-1 所示的天平。

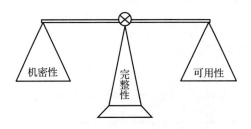

图 6-1　信息安全三要素之间的关系

1) 完整性是天平的支柱，一旦完整性得不到保障，机密性和可用性就毫无意义。如口令被非法篡改后，口令的机密性也已经被破坏，同时口令也变得不再可用。

2) 机密性和可用性分别在天平的两端，两者相互制衡。机密性越强，则可用性相对被削弱；而可用性越强，则机密性也相对被削弱。

在实际应用中，需要综合起来权衡考虑，而不能只片面强调部分安全。绝对安全

---

① GB/T 25069—2010. 信息安全技术 术语 [S]. 定义 2.1.1.

② GB/T 25069—2010. 信息安全技术 术语 [S]. 定义 2.1.36 数据完整性.

③ GB/T 25069—2010. 信息安全技术 术语 [S]. 定义 2.1.20.

是不存在的，信息安全保护是一个动态平衡的过程，在这个过程中，核心关键点是保护安全规则，而定义安全规则需要在业务需求和安全风险之间权衡。

一般来说，区块链是通过去中心化、去信任的方式来集体维护某个强一致性和高可靠性的可信数据库的技术方案。区块链系统本质也是一种信息管理系统，也需要满足信息安全三要素要求。

二、区块链信息安全的机密性

区块链主要采用数据隔离、地址匿名和信息加密方式提升机密性。

1. 数据隔离方式

区块链系统可以采用类似传统数据库分库、分表的方式，将交易信息按照一定规则分散记录在多个子账本中，从而达到两个效果：一方面实现交易扩容，支持更大的交易规模和交易性能要求；另一方面实现数据隔离，不同用户只允许访问部分子账本，从而增强了交易隐私性，提高了交易机密性。

目前可采用侧链、微支付通道、状态通道等多种技术数据隔离。

（1）侧链（Side-Chain）：是一种实现双向锚定（Two-way Peg）的协议，如图6-2所示。引入侧链协议，除了实现数据隔离外，还可降低区块链主链上交易总数以及主链软件版本更新频次，也间接地提高主链的稳定性和安全性。

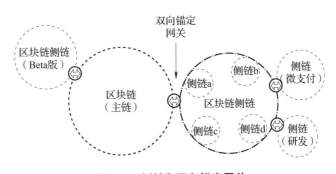

图6-2 侧链和双向锚定网关

（2）微支付通道（Micro-Payment Channel）：是一种链下交易（Off-chain Transaction）方式。交易详情信息不再记录在区块链上，而是由交易相关方自己保存，从而对交易无关方保密。微支付通道通常被用在"异步"支付场景中，处理可被分解为小额、多次进行的支付交易。相比链上交易（On-chain Transaction）而言，微支付通道可以在不需要任何额外信任的情况下将这些交易从链上移到链下，从而达到链下交易细节保密、交易费用降低，交易速度提升的效果。

（3）状态通道（State Channel）：是微支付通道技术泛化出来的形式，它不仅可用于支付，还可用于区块链上任意的"状态更新"，如智能合约中的数据更改。状态通道可以将多次状态更新操作在链下完成，只将最后更新结果记录在链上，从而达到链下更新细节保密、更新费用降低、更新速度提升的效果。如图6-3所示，在超级账本Fabric中，每个节点都可和其他一个或多个节点单独建立通道，并维护独立的子账本，而无须将子账本共享给本通道参与方之外的角色，从而实现数据隔离，提高账本信息的机密性。

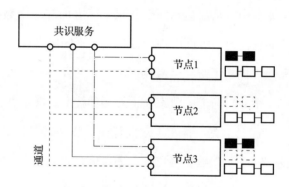

图 6-3　超级账本 Fabric 的多通道

2. 地址匿名方式

比特币系统作为首个区块链和加密资产应用，就是采用账户地址匿名化来提高比特币交易双方信息的机密性。

如图6-4所示，传统银行采用"身份公开，交易隐藏"的方式，而比特币系统则采用"身份匿名，交易公开"的方式。通过公开交易记录，从原来由单一中心化权威机构监管，变为由集体共同监管，共同维护账本的可信度，从而有效防范"双花问题"。

比特币系统通过以下三点来支持账户地址的"匿名性"：

（1）账户地址生成不经过客户身份识别（Know-Your-Customer，KYC），完全由用

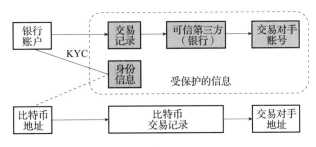

图 6-4 比特币系统的隐私模型

户自己产生，是根据椭圆曲线算法产生的公钥，再经过 SHA256 和 RIPEMD-160 哈希计算和 Base58 编码等变化的结果。

（2）无法直接通过账户地址，对应到真实身份信息。

（3）一个拥有者的多个账户地址之间无直接联系，其他人无法得知用户实际拥有的比特币数量。

但是，比特币的公开账本机制，在机密性保护方面存在两个问题：

【问题 6-1】 比特币账户地址只是"半匿名"，无法做到完全匿名化。

（1）用户需要在交易中公开其公钥以便其他节点验证交易有效性，从而暴露了用户地址使用信息。

（2）交易信息公开，只需知道一个地址就可以找到关联人的一系列地址。

（3）对区块链数据分析，交易的汇总输入会暴露拥有人的其他地址。

（4）比特币协议未对通信数据进行加密，协议分析软件能够从比特币交易信息中分析出 IP 地址与比特币地址的对应关系。

（5）比特币交易所的实名认证机制，让交易所能够直接将用户信息与地址信息进行关联。

德国和瑞士学者的一项研究显示，约 40% 比特币用户的真实身份可被发现。

【问题 6-2】 比特币系统没有对交易金额进行机密性保护。

由于比特币作为公有区块链，需要公开其全部账本，并让所有参与方都能正常读取账本中的历史交易信息，以便对交易正确性进行验证，共同防范"双花"等异常交易。但同时，这也给交易隐私带来了巨大威胁，损害了交易信息的机密性。

通常可采用多个账户地址、混币交易、隐蔽地址和环签名技术来改善其匿名性和机密性不足的问题。

3. 信息加密方式

与传统信息加密场景不同，区块链场景中不仅有加密方和解密方，还有验证方，如图6-5所示。

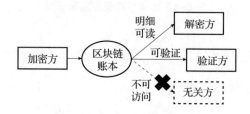

图6-5　区块链账本信息的相关方

（1）加密方：指当前业务请求方，对提交区块链的交易信息进行加密处理。

（2）解密方：指其他业务参与方，需读取并解密账本，获得交易详情以便进行相关业务操作。

（3）验证方：通常是区块链共识节点，需对新产生账本区块中的交易数据进行有效性验证，防止超额消费（Excess Consumption）、双花交易等异常交易。但由于其不参与实际业务流程，其实并不需要了解交易详情。

即区块链账本信息不仅有"机密性"要求，还有"可验证性"要求。

对于私有链和联盟链这两种许可型区块链而言，验证节点是相对固定而且是预先知道的，可以使用传统密码学加密方式提高机密性。

具体的，可以将区块链账本数据、交易数据、配置数据以及账本元数据等，分别进行整体加密或局部加密；前者加密整个账本内容，后者只加密账本中涉及敏感信息的部分内容。此时，可以采用对称加密方式、非对称加密方式加密账本；也可将两者结合起来使用，既保证机密性，又保持较高的加密、解密效率。

如图6-6所示，其中内容加密密钥（Contents Encrypting Key，CEK）用于加密账本内容，而密钥加密密钥（Key Encrypting Key，KEK）则用于加密CEK本身。实际应用中，可以针对所有验证方分配相同的KEK密钥对，也可以针对每个验证方分配独立

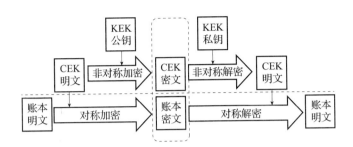

图 6-6 使用传统密码技术对账本数据加解密

的 KEY 密钥对。

这种方式，需要将 CEK 交付给独立第三方或多个验证方，一旦 CEK 被泄露，那么账本的机密性也就丧失了。

对于公有链这类非许可型区块链而言，由于无法预知谁是验证节点，因此很难简单运用传统加密方式来同时满足机密性和可验证要求。此时，需要引入较为前沿的同态加密或零知识证明等技术。

（1）同态加密技术（Homomorphic Encryption，HE），用于解决代数运算中的隐私保护难题。如图 6-7 所示，当对密文执行的运算，等价于对明文执行了同样的运算时，我们把这种加密方式称为"同态加密"。在区块链和加密资产场景中，可以在保持交易金额机密性的同时，还能让区块链共识节点完成交易的验证，可防止"超额消费"或"双花"等异常交易。

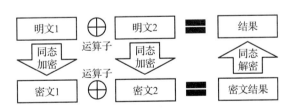

图 6-7 使用同态加密技术对账本数据加解密

（2）零知识证明（Zero-Knowledge Proofs，ZKPs），指的是证明者能够使验证者相信某个论断，而无须泄露除了"论断是真实的"之外的任何信息。在区块链和加密资产场景中，可以在保持交易信息机密性的同时，还能让区块链共识节点完成多种交易验证，确保账本的有效性。

179

三、区块链信息安全的完整性

完整性或数据不可篡改性，是区块链的一大优点。区块链技术在传统数字签名技术的基础上，又在空间和时间两个维度上进一步加强。

（1）数字签名：基于非对称密码学技术实现账本交易信息的防篡改性和不可抵赖性。

（2）空间维度：基于分布式共识机制，能够让不同空间的多个参与主体共同维护账本数据，提高账本的可信度。

（3）时间维度：采用块链结构和时间戳，设计一整套精巧的数据结构来组成账本链条，其中每个区块账本的每一条交易记录都层层受到密码学原理保护。而且随着时间的增长，篡改的难度也成指数级增长。

三者结合，实现区块链的高度防篡改性，为区块链账本带来了极强的完整性保障。

1. 数字签名[①]

在区块链中，每一笔交易或每一次对区块链状态的改变都需要交易或者状态改变的发起者用其私钥来签名。区块链的参与节点必须用发起者的公钥来验证签名。如果签名验证没有通过，交易是不可能被区块接受的。从数据安全的角度来思考，数字签名的主要作用是可以做到某种程度的抗抵赖性[②]。交易的双方都需要用私钥对交易进行签名来确认，交易发生后双方就不能抵赖，这样可以从某种程度上保证交易数据的完整性。

2. 共识机制

区块链上任何数据的增加都需要遵循共识机制。黑客也许可以修改某几个区块链节点的数据，但是除非他拥有51%以上的算力（比特币网络）或者拥有大部分的代币（以太坊网络），否则篡改数据成功的概率趋近于零。简单来说，就是全局的共识一定能够战胜局部的篡改，从而在整体上保障了数据完整性。

---

① GB/T 25069—2010. 信息安全技术 术语 [S]. 定义 2.2.2.176.
② GB/T 25069—2010. 信息安全技术 术语 [S]. 定义 2.1.17 抗抵赖性.

3. 块链结构

块链结构（Block-Chain Structure）是区块链系统的典型数据结构。上链数据通过共识机制打包在一个新区块中，同时通过哈希指针链接到前一个区块，随着区块的不断叠加，这些上链数据都成了链上不可篡改的数据。

从创世区块到当前区块，在区块链之上的所有数据历史都可以追溯和查询到，这样数据的完整性在数据上链的过程中得到了保障。

4. 时间戳

时间戳（Timestamp）是指从格林威治时间 1970 年 1 月 1 日 00 时 00 分 00 秒（北京时间 1970 年 1 月 1 日 08 时 00 分 00 秒）起至某一时刻所经过的总秒数。它通常是一个字符序列，用以唯一地标识某一刻的时间。在比特币系统中，获得记账权的节点在链接区块时需要在区块头中加盖时间戳，用于记录当前区块数据的写入时间。每一个随后区块中的时间戳都会对前一个时间戳进行增强，最终形成一条时间递增的链条。如果想要篡改记录，那么篡改的时间就会打乱时间戳递增的顺序，从而无法实现隐蔽性修改的目的。换句话说，时间戳有利于原始记录的保存，使其具有不可篡改性。

时间戳技术本身并没有多复杂，但在区块链技术中应用时间戳却是一项重大的创新，它为未来基于区块链的互联网和大数据增加了一个时间维度，使得数据更容易被追溯，重现历史也成为可能。时间戳的引入解决了电子数据的无痕修改问题。在这个过程中，操作者将用户的电子数据的哈希值和权威时间源绑定，再由国家授时中心负责授时和守时。在此基础上通过时间戳服务中心的加密设备，产生不可伪造的时间戳文件，从而有效证明电子数据的完整性及产生时间。由于时间戳签发工作是由第三方时间戳服务中心完成的，而该第三方时间戳服务中心由国家授时中心提供时间授时和守时保障。引入时间戳作为第三方电子鉴定角色，产生与内容唯一映射的哈希值，这些电子证据可以起到类似"公证"的作用。同时，时间戳可以作为存在性证明的重要参数，它能够证实特定数据必然在某一特定时刻是的确存在的。这保证了区块链数据库是不可篡改和不可伪造的，也为区块链技术应用于公证、知识产权注册等时间敏感领域提供了可能。

四、区块链信息安全的可用性

在软件系统中，可用性定义为系统功能和工作时间的比例。可用性受到系统错误、基础设施恶意攻击和系统负载的影响。它通常以正常运行时间的百分比来衡量，是系统性能的一个指标，确保在合理的时间内响应用户的请求。

区块链系统通过在网络、存储和计算等方面实现极大的冗余部署，从而具有较强的可用性，可提供24×7全天候高可用运行能力。

（1）网络方面：区块链系统基于已有网络，实现全球大范围多节点部署运行，在满足共识机制最小组网要求下，即使大部分节点因为各种原因宕机，也不会影响整个网络的运行，从而具有极大的可用性。例如，比特币和以太坊网络，分别由全球分散的上万个左右的节点共同组网，形成一个大型软件定义网络（Software Defined Network，SDN），哪怕99%节点宕机，只要还有3~5个共识节点能正常工作，其可用性就不受影响。

（2）存储和计算方面：每个区块链全节点都独立存储区块链全量账本数据的副本，并能根据副本数据独立完成账本验证，以及智能合约的执行，因而具有很强可用性。

从性能考虑，区块链由于具有冗余多副本，增加了读取操作的可用性；但由于需要通过共识机制实现多副本的一致性，导致其写入操作的可用性较低，尤其与中心化系统相比差距较大。

简而言之，区块链在可用性方面相较机密性和完整性需要更多的改进。目前区块链的扩容方案的目的就是增强性能和可用性。例如，前面提到的闪电网络和雷电网络就可以增强区块链的可用性。虽然通常认为性能和扩容不是同义词，性能指系统处理请求过程的反应时间，而可扩容性指系统处理增加工作量的能力。扩容能力可以影响性能。例如，比特币已经成为各种问题的典型范例，特别是当网络不能扩容时，随着交易的大规模增长，交易处理时间越来越长，成本越来越高，从而降低区块链的安全性。

第二节　区块链系统安全要求

考核知识点及能力要求：

- 理解区块链层次架构和整体安全要求；

- 了解区块链数据层安全要求；

- 了解区块链网络层安全要求；

- 了解区块链共识层安全要求；

- 了解区块链合约层安全要求；

- 了解区块链应用层安全要求。

一、区块链系统安全要求概述

区块链系统已经在金融、政务、司法、供应链等行业场景进行应用，而安全保障是区块链系统大规模应用的关键。

但是，区块链系统作为一种新的系统形态，通常部署在多个利益实体中，不同实体的管理制度以及安全风险考量不同，不利于区块链系统的部署和管控；另外，区块链系统的特点决定了其安全性由系统中的共识节点共同维护，仅保障单个节点的安全难以保证系统整体安全。

因此，区块链系统除了需要满足传统信息系统原有的软、硬件基础性安全规范要求之外，还应根据区块链系统的体系结构，从多个技术层面、多个角度考虑其安全要求，如图 6-8 所示。

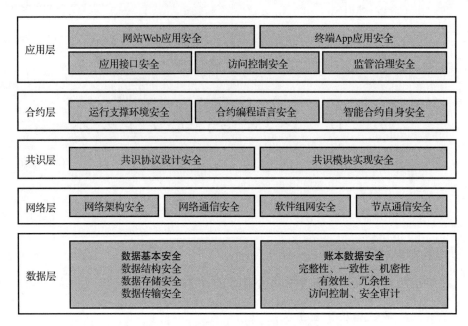

图 6-8　区块链系统安全体系结构

区块链系统主要分五大层，各层涉及的安全要求包括：

（1）数据层安全：综合使用一系列密码学技术，从账本结构、存储引擎、隐私保护、冗余机制、访问控制、安全审计等多个方面确保数据的完整性、一致性、机密性和有效性等安全属性。

（2）网络层安全：从硬件网络架构、动态软件组网、网络通信、节点通信等方面确保网络层安全。

（3）共识层安全：基于安全的共识协议和共识算法，实现安全可靠的共识模块，确保分布式场景下的各节点账本的一致性。

（4）合约层安全：合约层安全是实现区块链可扩展和可编程特性的基础，其安全属性涉及智能合约的运行支持环境、智能合约的编程语言，以及智能合约本身的安全。

（5）应用层安全：面向用户的应用系统安全，包括网站 Web 应用、终端 App 应用的安全性，以及应用接口、访问控制、监管治理等方面的安全性。

下面就逐层来描述区块链系统安全要求。

二、区块链数据层安全要求

在数据层，区块链系统除了需要从数据结构、数据存储、数据传输等基础软件层面考虑安全需求，还需要重点评估区块链账本数据的安全需求。

账本数据格式是区块链基本特征之一，各个区块链系统都有自己定义的账本数据格式，评估体系不能对格式具体进行定义，这不符合业务多样性的要求。从用户的角度，以黑盒标准来衡量账本数据的安全性是一个比较好的选择。账本格式可以按机构业务自行定义，账本数据评估可从数据的完整性、一致性、机密性、有效性和冗余性等方面来要求，同时还需要满足数据访问控制和数据安全审计的要求。

1. 区块链数据基本安全要求

（1）数据结构防篡改：账本结构宜使用链式或近似链式的存储结构，应使用哈希嵌套保证数据难以篡改。

（2）数据结构可校验：任何一条记录被非法篡改后都可以通过历史账本数据回溯以快速检验出来。

（3）数据分类隔离：应根据数据对象的类别，如账户数据、交易数据、配置数据以及账本元数据等，进行分别存储、分别管理、分别操作。

（4）敏感数据安全：应加密存储，并应有数据访问等权限的控制和管理。

（5）密钥数据安全：应私密管理，确保区块链节点数字证书及其私钥数据存储安全。

（6）数据库安全：数据库版本应选用安全高效并经过检验的主流稳定版本；数据库类型可选用结构化数据库（如关系型数据库）或非结构化数据库（如键值型数据库、文档型数据库等），或混搭多种类型的数据库。

（7）数据传输安全：应在传输过程中，使用对称或非对称的国密算法对数据进行加密，防止数据被窃取。

2. 区块链账本数据安全要求

（1）完整性：应保证账本数据的生成、传输、存储、调用等操作不可被非授权方式更改或破坏。

（2）一致性：区块链账本中记账节点的账本数据应保持一致；对账本数据的写入和修改，须经各节点达成共识，以确保各节点的数据一致性。

（3）机密性：应采用密码技术保证账本数据中的敏感数据在传输和存储过程中的机密性；账本数据中敏感数据的保护密钥和账本数据本身应分开保存，并且保护密钥应支持存放在安全的密码模块中。

（4）有效性：各记账节点的账本数据应符合共识协议安全要求，保证账本数据的有效性，且满足以下要求：应能够对节点存储的账本数据有效性进行校验；当某个节点的账本数据失效时，保证系统整体上账本数据的有效性。

（5）账本数据冗余性：应保证账本数据在系统中具有冗余性，防止因单个节点失效而造成总账本数据的丢失。

（6）访问控制：区块链账本应确保账本数据不被未授权的第三方获取，因此数据访问和操作应符合访问控制安全要求中隐私保护部分对认证授权、访问控制等方面的技术要求。

（7）安全审计：记账节点对账本数据的操作应满足以下安全审计要求：账本数据的访问应提供安全审计功能，审计记录包括访问的日期、时间、用户标识、数据内容等审计相关信息；数据变更应提供审计功能，审计记录不仅包括数据变更成功的记录，还应包括数据变更失败的记录；节点有效性校验失败、一致性校验失败等情况下同步账本数据，应提供安全审计功能，审计记录包括事件类型、原因、账本数据同步的节点、账本数据校验值等审计相关信息；审计记录可由记账节点自行记录，不必写入账本。

三、区块链网络层安全要求

在网络层，区块链系统主要从网络架构、网络通信、分布式组网、节点通信等方面考虑其安全要求。

1. 网络架构连通性要求

网络架构应保证共识节点或记账节点之间能够直接进行网络通信或能够间接进行消息传递；网络架构应防止单个节点故障而形成网络隔离，防止"脑裂问题"。

2. 网络通信安全性要求

应在参与区块链节点之间建立安全传输通道，保证数据传输的完整性和不可篡改性；应对数据和信息采取相应的防护措施，保证其能够抵抗篡改、重放等主动或被动攻击；应采用密码技术保证节点间通信过程中敏感信息字段或整个报文的机密性，应确保信息在存储、传输过程中不被非授权用户读取和篡改；可采用有权限的网络访问控制，在区块链参与节点之间构建虚拟专用网络，降低网络攻击造成的危害。

3. 软件组网安全性要求

各软件节点应基于网络通信协议和 P2P 网络进行通信和数据互换；各软件节点独立存储账本数据的一致性副本，且保证任意单个节点故障都不影响整个系统的正常工作；各软件节点具有独立的通信控制功能，且任一节点均至少与其他两个节点建立通信连接；各软件节点分布在不同地点，通过节点互联形成一种软件定义网络（SDN），网络中可无中心节点。

4. 节点通信安全性要求

区块链系统采取节点授权准入的原则，在节点通信过程中应保证数据的完整性、机密性。

（1）节点身份验证：应使用符合"身份管理"章节中要求的身份认证机制控制节点的接入；采用密码技术对节点通信双方的身份进行验证。

（2）通信完整性：应使用符合国家密码标准的消息鉴别码算法、数字签名等密码技术来提供通信中数据的完整性保护和校验；节点间通信协议应具备应对通信延时、中断等情况的处理机制；当检测到数据的完整性遭到破坏时，接收节点可以采取措施从发送节点处重新获取数据。

（3）通信机密性：在通信节点建立连接之前，应使用符合国家密码标准的密钥交换技术来产生双方共享的工作密钥，并进行双向身份认证，确保通信节点是信息的真实授权方；通信节点应当使用工作密钥对通信过程中的整个报文或会话进行加密处理；应使用符合国家密码标准的技术来建立安全通信通道，避免因传输协议受到攻击而出现的机密性破坏。

四、区块链共识层安全要求

在共识层，区块链系统主要从共识协议设计和共识模块实现方面考虑安全要求。前者重在理论上的安全和正确性，后者重在实现上的安全和正确性。

共识协议是区块链的核心基石，是区块链系统安全性的重要保障。机构都应根据其业务特点来选用适宜的共识协议，应满足不同共识协议安全运行所必需的前提要求，且业务激励规则和技术运维安全上的机制设计应保障其自身安全。

在安全评估时，不能偏向具体的共识协议，而需要对机构选用的任意一种共识协议进行评估。具体来说，共识协议应满足合法性、正确性、终结性、一致性、不可伪造性、可用性、健壮性、容错性、可监管性、低延迟、激励相容、可拓展性等方面的安全要求。

1. 共识协议设计安全要求

（1）合法性：应确保参与共识过程的节点经过验证，保证节点加入和退出共识过程的合法性，以及节点 ID 与节点实体的一一对应，以形成可信节点。

（2）正确性：共识协议依据的算法理论应公开发表或经过安全评估，如有修改应经过同行评议；协议算法的测试应全面完整，应用形式化验证或进行代码审计以确保算法实现的正确性；可信节点应为协议算法的运行提供安全可信的硬件和软件基础，确保协议算法运行环境的安全性与可靠性。

（3）终结性：算法应在可接受的有限时间内具有终结性。所有参与共识的可信节点，经过一段可接受时间内的交互，应最终达成一致性结果。

（4）一致性：所有参与共识的可信节点得到的计算结果应是相同的，且符合共识协议。

（5）不可伪造性：系统中恶意节点占比不超过共识协议容错率（例如，采用 PoW 共识时该比率为 1/2，采用 PBFT 共识时该比率为 1/3）时，任何对系统当前状态进行恶意构造以欺骗其他可信节点所需要的时间，应不少于可接受范围。

（6）可用性：协议应具备抗分布式拒绝服务（Distribution Denial of Service，DDoS）攻击、处理恶意报文、识别恶意节点的能力，且应采取不转发、拒绝连接、黑名单等措施缩小影响，使系统获得一定的主动防御能力，提高系统的可用性；系统能够始终在正常时间内对客户端的请求进行响应。

（7）健壮性：在遭受恶意攻击、数据被污染时，被攻击节点应通过与系统中其他可信节点交互等方式来检测出攻击及数据污染的发生；系统中的节点如遇到网络故障等情况与系统断开连接，可能会出现与系统中其他节点状态不一致的情况，但在恢复连接后，通过与系统中其他可信节点的交互等干预方法，保证节点数据恢复正常状态，不会丢失受攻击前的数据，并保持和正常节点间数据的一致性。

（8）容错性：系统中恶意节点占比不超过共识协议的容错率时，系统应保证正常运作，且保持数据一致性。

（9）可监管性：单次共识过程和系统运行的整个共识历史都应可审计、可监管，该历史应不可被篡改。

（10）低延迟：共识协议应保持低响应延迟，满足系统对于数据同步的时间要求。

（11）激励相容：采用激励机制保障系统安全，应计算系统可承载的价值上限，并对其上的应用系统进行检查，避免超过安全阈值。

（12）可拓展性：协议应该具备动态拓展能力，可允许在系统保持正常服务的前提下动态或静态增删节点。

2. 共识模块实现安全要求

共识模块应能协调各系统参与方有序参与数据打包和共识过程，并保证各参与方的数据一致性。

（1）在系统无故障、无欺诈节点时，共识模块能在规定时间内达成一致的、正确的共识，输出正确结果。

（2）在故障节点数量或欺诈节点数量不超过理论值的情况下，系统也应能够正常工作，输出正确结果。

五、区块链合约层安全要求

在合约层，区块链系统需要从智能合约运行支撑环境和智能合约自身两个方面关注其安全要求，如图 6-9 所示。

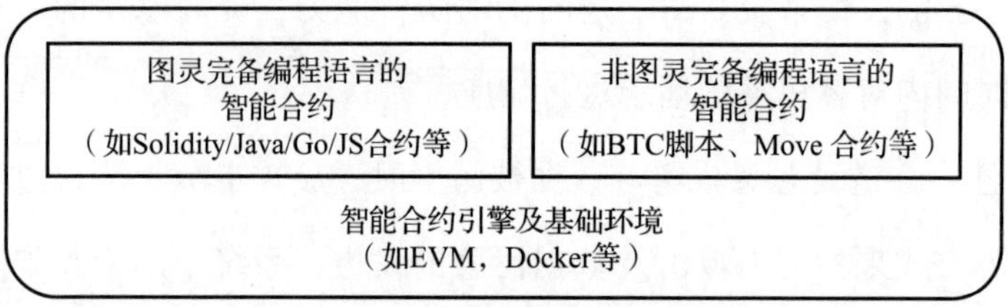

图灵完备编程语言的 智能合约 （如Solidity/Java/Go/JS合约等）	非图灵完备编程语言的 智能合约 （如BTC脚本、Move 合约等）
智能合约引擎及基础环境 （如EVM，Docker等）	

图 6-9　区块链合约层

1. 运行支撑环境安全要求

智能合约的执行应在可信的软件/硬件支持的环境中执行；智能合约代码存储和运行时，系统应具备相应的安全保护能力，禁止未授权实体明文读取合约代码和状态；智能合约应能数据前向兼容，版本迭代时，旧版本的合约应及时停用并存档数据，新版本合约可以调用历史数据；智能合约的运行机制需有前向兼容的能力，当系统版本升级后，智能合约应能正常执行；系统应当通过有效的智能合约审核，以确保合约代码所表达的逻辑无漏洞。

2. 合约编程语言安全要求

区块链系统通常可支持一种或多种智能合约引擎，从而允许用户采用相应的计算机编程语言来编写智能合约。

计算机编程语言按图灵完备性可分为两大类：

（1）图灵完备的编程语言：兼容图灵机模型，可以用来解决可计算理论中任何"可计算问题"，具有很强的可编程性。传统计算机编程语言，如 C/C++、Java 都属于此类。

（2）非图灵完备编程语言：不兼容图灵机模型，只具备有限的可编程性，用于解决特定的问题。例如，比特币系统中的交易脚本[1]，Libra 区块链的 Move 语言[2]都属此类。

图灵完备的编程语言，具备很强的可编程性和灵活性，同时所面临的安全性威胁也更大，一方面不容易验证代码的安全性；另一方面，也更容易编写恶意代码，从而

---

[1]　https://en.bitcoin.it/wiki/Script.

[2]　https://developers.libra.org/docs/move-paper.

产生安全漏洞和安全隐患。

而非图灵完备编程语言，其可编程性和灵活性受限，其安全性更容易受到验证和控制，也就更安全。例如，Move 语言中就定义了资源的安全性、类型的安全性和内存的安全性，任何违背这些安全性的操作都会被拒绝。

3. 智能合约自身安全要求

区块链智能合约可支持非图灵完备智能合约和图灵完备智能合约，但两者都应符合如下安全要求。

（1）合约版本控制：应在源代码中通过区块链系统指定方式定义版本号；应在配置文件中定义版本号，该配置文件应与智能合约代码一同部署；应在部署或升级操作时定义版本号；智能合约升级后，应在区块链系统中保留前一版本；交易信息中应明确调用的智能合约版本。

（2）合约访问控制：应有相应的机制控制用户对智能合约的访问；应有相应机制在支持智能合约之间相互访问条件下，限制错误智能合约的感染；应有相应机制控制智能合约对外部环境的访问；建议针对智能合约提供隔离的执行环境。

（3）合约复杂度限制：应从合约源代码总长度、资源消耗和执行时间等方面限制合约代码的复杂度。

（4）合约原子性：智能合约的执行应有原子性，支持执行过程中发生错误时的回滚操作；一旦出现异常，所有的执行应被回撤，以避免中间态导致数据不一致。

（5）合约一致性：智能合约执行应具备一致性，合约在所有区块链系统网络节点上的执行结果应是完全相同的；多个节点同时实现合约时，应该保证数据的完整性，数据同步不会相互干扰。

（6）合约生命周期管理：在合约的部署到废止的全生命周期，应满足以下条件：应有相应机制控制智能合约的部署行为，防止恶意部署智能合约；应提供智能合约的冻结功能，防止智能合约的漏洞持续影响系统；应提供智能合约升级方案和机制以修复智能合约的漏洞；应提供智能合约的废止功能；应支持权限可控的智能合约升级方法；应支持从区块链系统中获取与合约相关的原始数据来解析智能合约在区块链系统上的业务数据；应在合约更新升级、重新部署后，能安全地将原合约数据迁移至新合约。

（7）合约安全审计：智能合约的安全审计和评估对象应包括智能合约设计及业务逻辑安全、源代码安全审计、编译环境审计及相关的应急响应等；智能合约应经过相关专业技术人员的审计，并保留审计记录。

（8）合约安全验证：应基于智能合约安全规则库和问题合约模式库实现智能合约的漏洞检测，可从合约源码和字节码两方面进行安全扫描；应实现基于安全规则和配置信息自动生成安全智能合约模板的机制。

（9）合约攻击防范：应有相应机制保证系统能够对抗由智能合约引起的 DDoS 攻击，防止其长时间占用资源；应有相应机制保障在系统遭受 DDoS 攻击、服务受到影响时，智能合约的运行可被干预；应有相应机制防止隔离执行环境中的智能合约访问其执行环境之外的资源。

六、区块链应用层安全要求

在应用层，既要考虑面向最终用户的网站 Web 应用安全和终端 App 应用安全，也要考虑面向开发、运维、监管人员的应用接口设计安全、访问控制安全、监管治理安全等内容。

1. 应用接口设计安全要求

应用层通过相关接口与区块链系统进行交互，接口安全必不可少。首先，接口应具备良好的封装性，能够隐藏底层账本的细节，为应用层提供简洁的调用方法，防止被错误使用；其次，接口应具备完备性，提供完整的交易处理、账本处理功能，以及完善的权限管理机制；最后，接口设计还应考虑扩展性和兼容性要求。

2. 访问控制安全要求

访问控制模块提供技术与制度手段，防止非法的主体进入核心区块链获取资源，允许合法用户访问、使用核心区块链，防止合法的用户对核心区块链资源进行非授权的访问。具体来说，分别从身份管理、隐私保护、密码算法这三个方面进行安全评估。

（1）用户身份管理的安全要求。身份管理是账户体系的基础。账户在各个金融系统中都占据着非常重要的地位，但在传统的区块链技术中，对身份管理关注不多，远没有达到金融系统的要求，因此区块链金融领域使用应实现有效的用户身份管理，应具备身份注册、身份核实、账户管理、身份凭证生命周期管理、身份鉴别、节点标识管理、身份更新和撤销等功能。同时，应保障身份信息的安全性，并对身份进行监管审计。

应实现有效的用户身份管理，主要功能包括：身份注册、身份核实、账号管理、凭证生命周期管理、身份鉴别、节点身份管理、身份更新和撤销等。同时，应保障身份信息的安全性，并对身份进行监管审计。

（2）隐私保护的安全要求。信息时代的用户隐私数据泄露问题越来越严重，个人信息安全已经提升到国家安全高度，国家市场监督管理总局、国家标准化管理委员会正式对外发布国家标准《信息安全技术 个人信息安全规范》，并于2020年10月1日实施。规范对个人信息收集、储存、使用做出了明确规定，并明确了个人信息主体相应权利。

区块链平台是一个高度开放共享的平台，但是在金融领域使用，必须建立完善的制度，在隐私信息收集、传输、共识、存储、使用、销毁处理等全生命周期，保障用户隐私数据的安全。应采取认证授权、访问控制、机密性、完整性、审计、监控、策略等相应的技术手段保障隐私信息全生命周期各个环节不被未授权的第三方获取，并保护交易方的身份不被识别和冒用。

（3）密码算法的安全要求。密码算法是实现区块链安全的技术手段，主要用于数据安全，即保护数据的机密性、完整性、真实性、不可否认性和随机性。使用的密码算法包括：分组密码算法、流密码算法、非对称密码算法、密钥交换算法、密码杂凑算法和标识密码算法等。区块链金融领域使用的具体密码算法应符合密码相关国家标准、行业标准的有关要求，并应使用符合相关国家标准、行业标准的密码模块完成密码算法运算和密钥存储。

3. 监管治理安全要求

（1）监管支持要求。区块链系统具有架构去中心、数据多副本、交易点对点、记录不可篡改的特点，与中心化系统有很大差异，不仅需要法律规则的监管，也需要技术规则的监管，以优化系统设计、保证系统安全、提高监管效率，降低合规成本。

系统需要从监管接入支持、交易审查支持、主动事件报警、交易干预管理、智能合约监管等方面入手，提高安全性。

（2）安全运维要求。区块链系统运维应符合《信息安全技术 信息系统安全等级保护基本要求》中安全运维管理相关要求，同时还应在设备管理、节点监控、节点版本升级、漏洞修复、备份与恢复、应急预案管理、权限管理、议案机制等方面满足安全要求。

（3）安全治理要求。安全治理机制是指管理和控制系统安全的组织架构以及一系列日常管理和应急管理的流程和规则。一般遵循"线上设定规则，线下管理实施"的治理原则，既包括设计具体的安全管理规则并写入共识协议或智能合约中，也包括线下系统生态的安全管理和协调。

区块链系统的治理机制原则上遵循《信息安全技术 信息系统安全等级保护基本要求》中三级以上的安全管理制度、安全管理机构和人员安全管理相关要求。在此基础上，还需结合区块链技术特点，从多方面提高安全性。①治理架构方面：应明确组织架构的决策层、管理层和执行层，及各层管理责任。②节点管控方面：包括节点加入和退出、节点登记和验证、节点操作审计、节点最低数量、节点异构实现。③干预机制方面：应支持用户操作干预、节点操作干预、系统故障恢复干预、干预功能管理、干预行为记录等。

4. 网站 Web 应用安全

随着互联网的发展，Web 应用软件得到广泛应用，Web 应用成为所有互联网应用的主要界面和入口。因此，有大量区块链应用也架设在 Web 网站上，对外提供服务。

由于 Web 应用本身具有一些安全性弱点，其安全漏洞常受到攻击，从而破坏应用系统的安全性。这些安全弱点，主要来自：①TCP/IP 本身缺陷；②网络结构的不安全性，形成单点故障、脑裂问题等；③网络窃听，容易导致信息泄露、中间人攻击等；④验证手段的有效性，难以识别用户真实身份；⑤人为因素，如安全配置错误，密码或密钥存储不当等。

据某研究报告显示，有 60% 以上的软件安全漏洞是关于 Web 应用的。开放式 Web 应用程序安全项目（Open Web Application Security Project，OWASP）总结了 10 种最严重的 Web 应用程序安全风险，目前已经先后发布 7 个版本。其中 2017 年版《十项最严重的 Web 应用程序安全风险》，就包括注入漏洞、失效的身份认证和会话管理、敏感数据泄露、XML 外部实体、失效的访问控制、安全配置错误、跨站脚本（XSS）、不安全的反序列化、使用含有已知漏洞的组件、不足的日志记录和监控等十大安全问题，并针对每个安全漏洞进行了详细描述，同时提供攻击案例场景，以及相应的安全防范指南。

5. 终端 App 应用安全

随着移动互联网的快速发展和普及，基于移动终端的 App 应用也成为互联网应用的重要入口，如基于 Android 和 iOS 的 App 应用，其安全性会影响区块链系统整体安全性，还可能导致重大经济损失。

因此，在移动 App 发布上线前，需要做全面的安全检测，主要包括静态分析、动态防御、本地数据安全、网络数据安全、身份认证安全、系统环境安全等。

（1）静态分析：通过静态分析技术，识别 App 自身存在的恶意行为、敏感权限、病毒木马等风险。

（2）动态防御：通过动态分析技术，模拟真机运行，识别静态和动态注入攻击，防范逆向工程以提高 App 自我保护能力。

（3）本地数据安全：通过静态分析技术，确保 App 对密钥、密码、证书、敏感数据等信息加密保存；同时针对 App 常用组件的配置进行检测，及时发现潜在的安全漏洞，避免数据泄露问题。

（4）网络数据安全：对网络通信 HTTP，HTTPS 等协议进行安全检测，确保通信数据加密传输，不存在数据泄露。

（5）身份认证安全：应对登录的用户进行身份标识和鉴别，检验 App 是否具备抵抗认证风险的能力。

（6）系统环境安全：及时发现和更新系统补丁，修复安全漏洞。

第三节 区块链安全测试方法

考核知识点及能力要求：

• 了解静态安全扫描方法；

• 了解动态安全扫描方法；

• 了解漏洞扫描方法；

• 了解渗透测试方法。

一、静态安全扫描

静态安全扫描是近年被人提及较多的软件应用安全解决方案之一。其核心是静态源代码分析技术，即在不运行代码的方式下，通过词法分析、语法分析、控制流分析、数据流分析等技术对程序代码进行扫描，验证代码是否满足规范性、安全性、可靠性、可维护性等指标的一种源代码分析技术。

静态安全扫描的优点是无须进行编译，也无须搭建运行环境，就可以对程序员所写的源代码进行扫描，从而节省大量的人力和时间成本，提高开发效率，并且能够发现很多靠人力无法发现的安全漏洞，站在黑客的角度上去审查程序员的代码，大大降低项目中的安全风险，提高软件质量。

静态扫描技术已经从 20 世纪 90 年代由编译技术拓展而来的"编码规则匹配"分析技术，向"程序模拟全路径执行"的方向发展，后者的执行路径比动态执行更多，能够发现很多动态测试难以发现的语义缺陷、安全漏洞等。

目前采用的静态扫描技术有两种：

（1）第一代静态扫描技术主要基于词法分析、语法分析技术。这些方式的缺陷是以代码所匹配的规则模式去评估代码，只要模式匹配或者相似就报出来。其缺点是存在较多的误报和漏报，需要依靠人工去分辨其中的准确性。当针对少量代码或简单代码时，该问题还不严重。但当针对大规模代码或复杂性代码时，传统的扫描技术将几乎不可行。

（2）第二代静态扫描技术进一步引入控制流分析、数据流分析等技术。通过把待分析的代码及代码之间的关系以对象的方式存放在内存中，同时也使用了一种可以接受的算法在有效的时间里描绘出应用的路径图形，并采用了一种特殊的查询语言（如CxQL），来查找安全问题，每一个查询语句就针对一类安全漏洞，从而大量减少误报问题。用户还可以定制查询规则，查找特定的安全和逻辑的问题，解决漏报问题，使得代码扫描变得更加现实和可用，节省大量的时间和人力成本。

典型静态扫描工具，既有商业软件 Fortify SCA，Checkmarx CxSuite，Armonize CodeSecure 等产品，基本涵盖了绝大多数应用中使用的编程语言，能识别包括 CWE 和 OWASP 等项目在内发布的上百种安全漏洞；也有若干针对特定编程语言的开源静态扫描工具，如针对 C/C++语言的 Flawfinder、针对 Java 语言的 FindBugs 和 PMD/Lint4、针对 JavaScript 的 jsprime 和 NodeJSScan 等产品。

二、动态安全扫描

静态代码扫描可以发现代码中的安全问题，但是当软件系统的各个组件集成到一起之后或者系统部署到测试环境后，仍然可能会产生系统级别的安全漏洞，如跨站脚步漏洞 XSS、跨站请求伪造漏洞 CSRF、SQL 注入攻击等安全问题，所以在这个时候对系统进行动态安全扫描可以在最短的时间内发现安全问题。

动态扫描一般分为两种类型：主动扫描和被动扫描。

（1）主动扫描是首先给定需要扫描的系统地址，扫描工具通过某种方式访问这个地址，如使用各种已知漏洞模型进行访问，并根据系统返回的结果判定系统存在哪些漏洞；或者实施模糊测试，即在访问请求中嵌入各种随机数据，进行一些简单的渗透性测试和弱口令测试等。对于一些业务流程比较复杂的系统，主动扫描并不适用。例如，一个需要登录和填写大量表单的支付系统，这个时候就需要使用被动扫描。

（2）被动扫描的基本原理就是设置扫描工具为一个代理服务器，功能测试通过这个代理服务访问系统，扫描工具可以截获所有的交互数据并进行分析，通过与已知安全问题进行模式匹配，从而发现系统中可能的安全缺陷。一般在实践中，为了更容易地集成到持续集成系统，会在运行自动化功能测试的时候使用被动扫描方法，从而实现持续安全扫描。

典型动态安全扫描工具，有商业软件 BurpSuite，NStalker 等产品；也有免费软件 OWASP ZAP（Zed Attack Proxy）以及专门针对 SQL 注入的 SQLMap 等产品。

三、系统漏洞扫描

漏洞扫描是指基于漏洞数据库，通过扫描工具对指定的远程或者本地计算机系统的安全脆弱性进行检测，发现潜在漏洞的一种安全检测行为。这些漏洞可能存在于防火墙、路由器、交换机、服务器等各种应用之中。

漏洞扫描过程是自动化的，专注于网络或应用层上的潜在以及已知的漏洞。该方式能够快速发现存在的风险，但发现的漏洞不够全面，是企业和组织进行信息系统合规度量和审计的一种基础技术手段。

漏洞扫描技术主要涉及：①主机扫描技术：确定在目标网络上的主机是否在线；②端口扫描技术：发现远程主机开放的端口以及服务；③操作系统识别技术：根据信息和协议栈判别操作系统及其版本；④漏洞检测数据采集技术：按照网络、系统、数据库进行扫描；⑤智能端口识别、多重服务检测、安全优化扫描、系统渗透扫描；⑥数据库自动化检测、版本识别、实例发现等技术；⑦密码生成技术：提供口令爆破库，实现弱口令检测。

针对扫描的对象不同，漏洞扫描器有多种产品，主要包括：①网络漏洞扫描器，通过网络来远程扫描计算机中的漏洞，优点是简单易实施，缺点是能扫描的漏洞类型较少。②主机漏洞扫描器，通过在目标主机系统上安装的代理或服务，能够访问所有的文件与进程，从而扫描到更多的漏洞。③数据库漏洞扫描器，检测出数据库管理系统漏洞、缺省配置、权限提升漏洞、缓冲区溢出、补丁未升级等自身漏洞。随着主流数据库的广泛应用，其自身漏洞逐步暴露，数量庞大，仅通用漏洞披露（Common Vulnerabilities&Exposures，CVE）公布的 Oracle 数据库漏洞数已超千个。

漏洞扫描工具众多，如 Qualys，FoundStone，Rapid7，Nessus 等产品。其中 Qualys 专以软件即服务（SaaS）方式为各类企业提供云端的包括企业网络、网站应用等多方位的定制化扫描检测与报告服务。

四、渗透测试

渗透测试是由具备高技能和高素质的安全服务人员发起，并模拟常见黑客所使用的攻击手段对目标系统进行模拟入侵，发现系统存在的漏洞，评估计算机网络系统安全的一种评估方法。

渗透测试过程包括对系统的任何弱点、技术缺陷或漏洞的主动分析。这个分析是从一个攻击者可能存在的位置来进行的，并且从这个位置有条件主动利用安全漏洞。换句话来说，渗透测试是指渗透人员在不同的位置，如从内网或外网等位置，利用各种手段对某个特定网络进行测试，以期发现和挖掘系统中存在的漏洞，然后输出渗透测试报告，帮助网络管理员清晰知晓系统中存在的安全隐患和问题。

渗透测试具有的两个显著特点：①渗透测试是一个渐进的并且逐步深入的过程；②渗透测试是经过用户授权、选择不影响业务系统正常运行的攻击方法进行的测试。

渗透测试相对于漏洞扫描来说，成本更高。通常需要具有丰富经验的安全服务人员在应用层面或网络层面进行作业，在漏洞扫描的基础上挖掘出更深层次的漏洞，相应也需要耗费更多的时间和资源。

渗透测试作为网络安全防范的一种新技术，对于网络安全组织具有实际应用价值。其结果通常作为风险评估的一个重要环节，为风险评估提供重要的原始参考数据。

渗透测试所需的工具，通常不是单一工具，而是提供给专业人员综合使用的多个安全工具的集合，如 Kali Linux 系统。

Kali Linux 是一个面向专业渗透测试和安全审计的基于 Debian 衍生的 Linux 发行

版。该系统已预装了大量安全工具软件，包括 nmap，Wireshark，John the Ripper，OWASP ZAP，Nikto，以及 Aircrack-ng 等超过 300 个可用于渗透测试的安全工具。

综合利用这些工具，同样可以针对区块链系统实施渗透测试。

第四节　能力实践

考核知识点及能力要求：

• 掌握安全评估表的设计方法；

• 掌握安全测试用例设计方法。

一、案例（或示例）

1. 针对第二节中区块链数据基本安全要求，可设计安全评估表（见表6-1）

表6-1　　　　　　　　　　区块链账本结构安全要求评估表

序号	安全要求	评估方法	结果判定	通过（是/否）
1	账本结构应具有防篡改性	测试系统	账本结构使用块链式或近似块链式的存储结构，并使用哈希嵌套保护数据不被篡改	
2	账本应具有数据校验功能	测试系统	账本能通过历史账本数据快速检验出被非法篡改的记录	
3	应根据数据对象的类别独立存储	查阅材料	设计文档中对数据存储有规划和设计，对账户数据、交易数据、配置数据以及账本元数据等，分别存储、分别管理、分别操作	

续表

序号	安全要求	评估方法	结果判定	通过（是/否）
4	应加密存储敏感信息并设置访问权限控制	查阅材料 & 测试系统	（1）设计文档中对敏感信息的存储和使用有规划和设计，敏感信息加密存储并设置访问权限控制机制 （2）经测试，数据库中敏感信息为加密后存储，有敏感数据访问权限控制，与设计文档相关说明一致	
5	节点CA证书及其私钥的存储应私密管理	查阅材料	设计文档中对节点CA证书的管理有规划和设计，保证节点CA证书及其私钥存储的私密性	
6	数据库应选用安全高效并经过检验的主流稳定版本	查阅材料	设计文档中有系统使用的数据库型号及版本说明，并经过了选型分析和相关验证	

2. 针对第二节中智能合约安全审计要求，可设计测试用例（见表6-2）

表6-2　　　　　　　　　区块链智能合约安全审计测试用例

测试项目	智能合约安全审计
测试目的	智能合约部署前，必须经过安全审计流程，并保留相关审计报告
测试环境	底层区块链系统测试环境
前置条件	受测系统正常运行
测试步骤	（1）检查智能合约，部署相关文档、系统或脚本，判断是否嵌入审计流程 （2）实际部署一个典型智能合约代码，判断是否经过上述审计过程 （3）查看系统审计报告，可识别出提交人、审计机构、审计责任人、审计报告等信息
预期结果	（1）智能合约部署时，必须事先执行自动化审计或人工审计过程 （2）系统能够自动记录智能合约审计执行中的关键信息
测试结果	

3. 针对第二节中智能合约应急机制要求，可设计测试用例（表6-3）

表6-3　　　　　　　　　区块链智能合约应急机制测试用例

测试项目	智能合约应急机制
测试目的	引入合约暂停、恢复和合约升级等应急方案，能将问题合约用户迁移到已修改漏洞的新合约上
测试环境	底层区块链系统测试环境

续表

前置条件	受测系统正常运行
测试步骤	（1）对智能合约进行暂停操作，由合约用户调用合约，观察执行情况 （2）对智能合约进行恢复操作，由合约用户调用合约，观察执行情况 （3）对智能合约进行升级操作，由合约用户调用合约，观察执行情况
预期结果	（1）合约暂停后，调用合约，执行失败 （2）合约恢复后，调用合约，执行成功 （3）合约升级后，调用合约，自动执行新合约成功，且能访问旧合约相关的历史数据
测试结果	

二、实训

1. 设计区块链安全相关评估表

步骤：

（1）理解区块链系统的安全规范要求；

（2）选择区块链五大层面中的某方面，设计安全评估表；

（3）针对某区块链系统，按照评估表，进行实际安全评估。

2. 设计区块链安全相关测试用例

（1）理解区块链系统的安全规范要求；

（2）选择区块链五大层面中的某个方面，设计若干测试用例；

（3）针对某区块链系统，按照上述测试用例，实施安全测试。

3. 安装 Kali Linux 系统[①]，选择 3 个安全工具进行研究，撰写介绍性文档

（1）从官网下载安装 Kali Linux 操作系统；

（2）选择 Kali Linux 中的工具，进行研究和试用；

（3）撰写文档，对工具及使用步骤进行初步介绍。

思考题

1. 为什么说比特币账户地址是"半匿名"？

---

① https://www.kali.org/downloads/.

2. 分析比特币交易模式，尝试建立若干条"反匿名"的账户地址关联规则。

3. 什么是"脑裂问题"？有哪些解决方案？

4. 分别针对区块链系统的身份管理、隐私保护、密码算法、监管支持、安全运维和安全治理，进一步展开描述其安全要求。

5. 针对 OWASP 发布的 2017 年版《十项最严重的 Web 应用程序安全风险》，逐一讨论其安全防范措施。

6. 根据共识层安全要求，分别讨论分析 PoW，PoS 和 PBFT 共识协议的安全性。

第七章
区块链相关的法律与政策解读

随着新一代通信技术的发展，尤其是物联网、5G、边缘技术的快速发展，物联网、5G以及边缘计算、大数据与区块链深度融合，区块链技术将成为自主创新的重要突破口。我国"十四五"规划和2035年远景目标纲要中提出，打造数字经济新优势，加快推动数字产业化，培育壮大人工智能、大数据、区块链、云计算、网络安全等新兴数字产业，提升通信设备、核心电子元器件、关键软件等产业水平。区块链将成为我国建设数字产业化与产业数字化的重要技术力量。纲要同时指出，在推动区块链技术创新，发展区块链应用的同时，完善监管机制。区块链在迅速发展过程中的合规显得尤为重要。

截至目前，我国规范区块链的法律法规及规范性文件主要包括《中华人民共和国民法典》《中华人民共和国网络安全法》《中华人民共和国电子商务法》《中华人民共和国密码法》《中华人民共和国专利法》和《中华人民共和国电子签名法》；《中华人民共和国计算机信息系统安全保护条例》《互联网信息服务管理办法》；央行《金融消费者权益保护实施办法》、国家网信办《区块链信息服务管理规定》和人社部《网络招聘服务管理规定》等。其中《区块链信息服务管理规定》是目前最直接规范区块链信息提供者的专门性规章。另外，司法解释层面，主要有最高人民法院《关于互联网法院审理案件若干问题的规定》和《关于加强著作权和与著作权有关的权利保护的意见》。

本章主要基于现阶段我国法律法规及政策中与区块链相关的规范进行梳理和解读，

以期为区块链工程技术人员及相关从业者提供合规操作指引及风险提示，为我国区块链工程技术规范发展贡献力量。当然，我们相信，随着区块链技术与应用的逐渐发展，相关的法律法规也将会不断完善。

本章将按图 7-1 所示对区块链相关的法律与政策进行系统性解读：

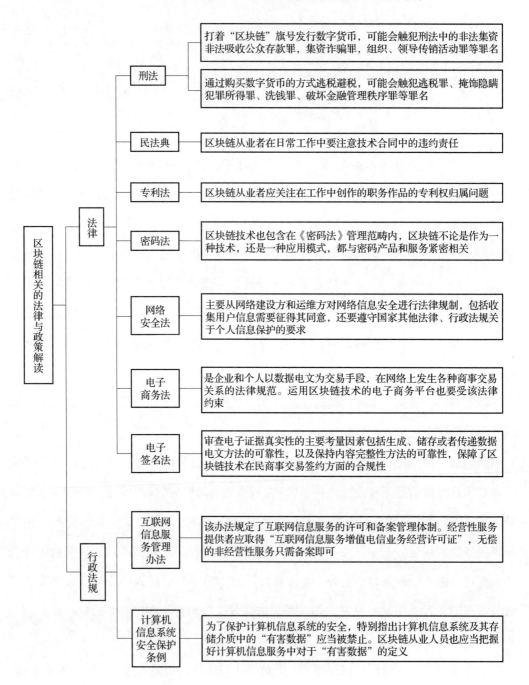

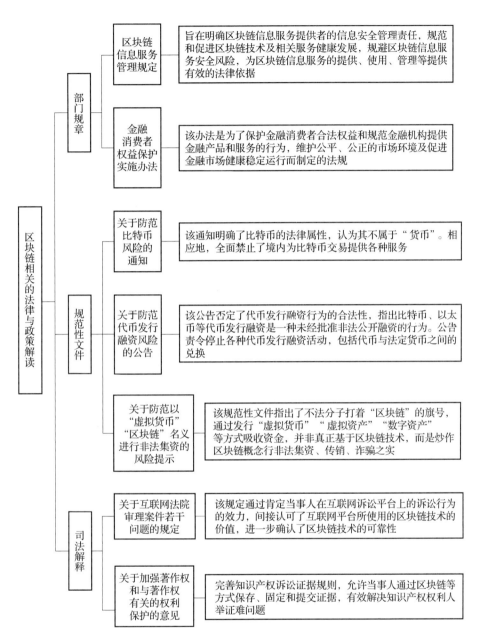

图 7-1　区块链相关的法律与政策图示

第一节　区块链信息服务相关规范解读

考核知识点及能力要求：

• 建立对区块链相关法律与政策的总体认知，掌握相关法律法规体系构成；

• 了解《区块链信息服务管理规定》，要求掌握从事区块链信息服务的安全责任的主要内容。

区块链作为一项新兴技术，具有不可篡改、匿名性等特性，其在多个领域的不断实施应用，必将给我国经济带来更多发展机遇，给社会治理带来更多创新，给人民群众生活带来更多便利。但与此同时，作为一项新的技术应用，使用不当的话也会有一定的安全风险。通过与传播领域的结合，一些不法分子利用区块链传播违法有害信息，实施网络违法犯罪活动，损害公民、法人和其他组织的合法权益。部分区块链信息服务提供者的法律意识不强，安全责任意识不够，管理措施和技术保障能力不健全，对社会生活的规范提出新的挑战。本节将按照法律规范层级对现行有效的法律法规进行梳理归纳，旗帜鲜明地为区块链从业人员提示合规与监管"红线"。

作为最直接的区块链行政规章，国家网信办于 2019 年 1 月 10 日公布了《区块链信息服务管理规定》（以下简称《规定》），《规定》旨在明确区块链信息服务提供者的信息安全管理责任，规范和促进区块链技术及相关服务健康发展，规避区块链信息服务安全风险，为区块链信息服务的提供、使用、管理等提供有效的法律依据。

《规定》对于区块链服务平台及从业者从以下角度提出规范要求：

一、明确区块链信息服务的概念

根据《规定》第 2 条第 2 款，区块链信息服务是指基于区块链技术或者系统，通过互联网站、应用程序等形式，向社会公众提供信息服务。

需要注意的是，在该概念下，为提供区块链信息服务进行支持的底层技术应当是区块链技术。因此，基于互联网技术的区块链媒体并非在《规定》所规制的范围内。

二、明确区块链信息服务提供者的范围

根据《规定》第 2 条第 3 款，区块链信息服务提供者是指向社会公众提供区块链信息服务的主体或者节点，以及为区块链信息服务的主体提供技术支持的机构或者组织。

《规定》对区块链信息服务提供者划出了一个较宽泛的范围，带有"信息技术服务"字样并结合区块链技术相关的机构或组织，都有可能被纳入监管范围。

三、明确安全责任

《规定》从多个角度对区块链信息服务的安全责任做出要求。其主要包括：

（1）区块链信息服务提供者的内容安全管理责任。《规定》第 5 条规定，区块链信息服务提供者应落实内容安全管理责任，建立安全方面的管理制度。

（2）区块链信息服务提供者的技术能力。《规定》第 6 条规定，区块链信息服务提供者应当具备与其服务相适应的技术条件和能力，对于法律法规禁止的信息内容须做即时和应急处置。

（3）安全评估。《规定》第 9 条规定，新产品、新应用、新功能上线需要安全评估。

（4）安全隐患的整改。《规定》第 15 条规定，区块链信息服务存在信息安全隐患的，应当进行整改，达标后方可继续提供服务。

四、实施备案管理

《规定》对区块链信息服务实施备案管理。备案管理方面的规定主要集中在第 11~14 条。主要内容包括，要求区块链信息服务提供者应当在提供服务之日起 10 个工作日内通过国家互联网信息办公室区块链信息服务备案管理系统填报备案信息；由互联网信息办公室对备案信息进行审查；备案信息应及时变更和注销；备案编号应在网站和应用程序上如何标注；备案信息定期查验等相关事宜。

此外，从《关于防范比特币风险的通知》《关于防范代币发行融资风险的公告》《关于防范以"虚拟货币""区块链"名义进行非法集资的风险提示》等规范性文件中，也能了解到国家及相关主管部门的基本立场及立法趋势。

第二节 区块链隐私保护、数据安全相关法律法规

考核知识点及能力要求：

• 了解网络安全和数据安全领域主要法律法规构成，熟悉与区块链从业者相关的主要规范内容。

现行我国网络安全和数据安全领域的法律法规主要有《互联网信息服务管理办法》《中华人民共和国网络安全法》《中华人民共和国数据安全法》（2021 年 6 月 10 日由第十三届全国人民代表大会常务委员会第二十九次会议通过，将于 2021 年 9 月 1 日施行）、《中华人民共和国电子签名法》《中华人民共和国密码法》《中华人民共和国

专利法》和《最高人民法院关于互联网法院审理案件若干问题的规定》。

一、《中华人民共和国网络安全法》

该法由中华人民共和国第十二届全国人民代表大会常务委员会于 2016 年 11 月 7 日通过，自 2017 年 6 月 1 日起施行，主要对网络建设方和运维方进行了法律规制。该法第 22 条规定收集用户信息需要征得其同意，还要遵守国家其他法律、行政法规关于个人信息保护的要求。第 23 条是国家标准强制适用及安全监测要求，适用对象为"网络关键设备和网络安全专用产品"。第 24 条是关于终端用户网络实名制的要求。第 37 条要求境内信息向境外提供之前进行安全评估。

第 40~50 条围绕"网络信息安全"制定了详细规范。核心内容包括：第 41 条规定网络运营者使用个人信息的原则，首先要获得被收集者同意，其次要公示收集、使用的规则，以及明示收集、使用信息的目的、方式和范围，最后要总体上贯彻"合法、正当、必要"的原则。第 43 条则规定了网络运营者有义务应个人要求删除或更正个人信息。第 46 条禁止任何人利用网络从事与违法犯罪相关的活动。第 47 条要求网络运营者及时、适当处置网络违法信息。第 49 条要求网络运营者建立和畅通投诉、举报途径。

二、《中华人民共和国电子签名法》

该法由中华人民共和国第十届全国人民代表大会常务委员会于 2004 年 8 月 28 日通过，自 2005 年 4 月 1 日起施行。该法于 2019 年 4 月 23 日第十三届全国人民代表大会常务委员会第十次会议第二次修正。该法第 8 条规定，法院在审查电子证据真实性时主要考量的因素包括生成、储存或者传递数据电文方法的可靠性，以及保持内容完整性方法的可靠性。根据区块链理论，其具有不可篡改、不可消除和伪造的特点，说明一般情况下区块链存贮的数据具有真实性，这对于相关司法实践将产生重大影响，以区块链存贮的电子数据作为证据的司法采信率必将大为提升。该法第 16~26 条还规范了电子认证行为，揭示了区块链技术在民商事交易签约方面的可适用性及须符合必要的要素。

三、《中华人民共和国密码法》

该法由第十三届全国人民代表大会常务委员会于 2019 年 10 月 26 日通过，于 2020

年 1 月 1 日正式实施。该法第 2 条规定,本法所称密码,是指采用特定变换的方法对信息等进行加密保护、安全认证的技术、产品和服务。法律中对密码的定义包含学术对密码的定义。学术上对密码仅指基于密码学的技术,而法律将其拓展到产品和服务,拓展了《密码法》的管理范围,包括区块链技术等都可包含在密码管理范畴内。该法的立法目的主要解决密码工作的 4 个问题:①密码由谁管理;②密码怎么管理;③怎样推动密码发展;④密码违法行为的惩罚措施。区块链不论是作为一种技术,还是一种应用模式,都与密码产品和服务紧密相关。

四、《中华人民共和国专利法》

该法由中华人民共和国第十一届全国人民代表大会常务委员会于 2008 年 12 月 27 日第三次修正,自 2009 年 10 月 1 日起施行。该法第 25 条规定,对于智力活动的规则和方法不授予专利权。在申请专利时应当注意,如果权利要求涉及抽象的算法或者单纯的商业规则和方法,并未体现具体的技术领域,也未限定如何使用该区块链结构解决具体的技术问题,不包含任何技术特征,则属于智力活动的规则和方法的范畴,不应当被授予专利权。区块链从业者在专利申请时应当注意涉及的专利技术是否有明确的应用领域,是否使用该技术结构解决了具体的技术问题。

五、《互联网信息服务管理办法》

该办法由中华人民共和国国务院于 2000 年 9 月 20 日通过,2000 年 9 月 25 日公布施行。区块链提供无须中心服务器的点对点信息服务,属于互联网信息服务管理的范畴,但二者均具有信息网络服务的共性,因此,区块链技术机构应当比照或参照适用该办法的规定。

该办法规定了许可、备案管理体制,前者适用于有偿的经营性服务,后者适用于无偿的非经营性服务。经营性服务提供者应取得“互联网信息服务增值电信业务经营许可证”,并且主管部门应公布取得该许可证或备案证的经营者名录。第 19 条规定,如经营者违反上述许可证制度,处以违法所得 3 倍以上 5 倍以下的罚款,并没收违法所得;未备案而擅自运营非经营性信息服务的,可责令关闭网站。

第 14 条要求经营者保留用户使用其信息服务的记录备份至少 60 日;第 16 条要求

经营者发现违法信息时进行报告；第 17 条要求境内经营者在境内、境外上市或者同外商合资、合作之前，必须进行审批。

六、《最高人民法院关于互联网法院审理案件若干问题的规定》

该解释由最高人民法院审判委员会于 2018 年 9 月 3 日审议通过，自 2018 年 9 月 7 日施行。第 5 条通过肯定当事人在互联网诉讼平台上的诉讼行为的效力，间接认可了互联网平台所使用的区块链技术的价值；该条款还允许网络经营者及国家机关的网络接入诉讼平台，进一步确认了区块链技术的可靠性。第 9 条允许当事人运用已经导入诉讼平台的电子数据证明自己的主张，确认了诉讼平台以电子方式存贮证据的原始性与可靠性。第 11 条规定了法院审查电子数据证据真实性的规则，并提出通过电子签名、可信时间戳、哈希值校验、区块链等证据收集、固定和防篡改的技术手段或者通过电子取证存证平台认证，法院一般应当确认。该规定还对电子化文书送达规则，电子签章确认文书、笔录及在线调解等内容进行了规范。

该解释的相关条款实际上是对区块链技术可靠性及其产生的电子证据效力的一般性司法确认。

第三节　区块链法律责任解读

考核知识点及能力要求：

• 建立对区块链从业可能涉及的《刑法》中的罪名和构成要件的基础认知；

• 建立对区块链从业者对行政规范的基础认知，重点学习《区块链信息服务管

理规定》的相关知识;

• 建立对区块链从业者对民事规范的基础认知,重点学习技术开发合同违约责任的相关知识。

一、区块链刑事责任及风险解读

区块链从业者在从事相关业务时如果合规意识薄弱,则有陷入刑事风险的可能,本节将对区块链从业可能涉及的一些《刑法》中的罪名和构成要件进行说明,为区块链从业者提示这条不可触碰的"高压线"。

对于犯罪构成的认定,当前得到学术界普遍认同的观点是两阶层理论,也就是说要认定犯罪构成,主观要件和客观要件两方面都必须成立。客观要件从以下 4 个角度进行判断:行为主体、危害行为、危害结果和因果关系。而主观要件部分即指嫌疑人主观部分满足该犯罪的构成要件,涉嫌犯罪需具备犯罪的故意。因此,区块链从业者不仅要在客观行为上守好规范,更要在主观上时刻保持警惕,避免陷入刑事风险。

1. 非法吸收公众存款罪

对于以研发新区块链币种,吸引投资人金融交易,承诺以还本付息等形式给予回报,向社会公众吸收资金或者变相吸收资金的行为,符合犯罪构成要件,应认定为非法吸收公众存款罪。

2. 集资诈骗罪

对于以非法占有为目的,通过发行没有价值、虚假流通币种等诈骗手段,变相吸收公众存款的行为,应认定为集资诈骗罪。关于"非法占有目的"的认定,包括以下 4 种类型:①全部或者大部分集资款用于挥霍,或者是没有用于正常经营的;②故意逃避返还集资款的;③携带集资款逃匿的;④拒不交代资金去向的。

3. 擅自发行股票、公司、企业债券罪

如果犯罪嫌疑人以发行区块链金融交易的数字货币为名,向社会公开的、不特定的对象,进行发行或者变相发行公司股权、股票或者发行债券的行为,或者未经许可,向某些特定对象进行发行公司股权、变卖股票或者发行债券的行为,该行为亦构成犯罪，应认定为擅自发行股票、公司、企业债券罪。

4. 逃汇罪

部分企业或个人利用区块链数字货币隐匿性的特点，进行点对点的交易，将人民币在国内兑换为隐匿的数字货币后，再将隐匿的数字货币支付到国外账户，实现国内货币兑付外币，采用这一手段逃避了国家的外汇监管。

根据我国《刑法》及司法解释，公司、企业或其他单位未经国家批准不得私自将外汇存放境外，或者将境内的外汇非法转移到境外，单笔或者累计5万美元以上的，成立逃汇罪。行为人在境内利用外币购买区块链数字货币，同时，将数字货币通过区块链金融交易的第三方平台转移到境外，最后成功在境外汇兑成为人民币或外币，如果满足我国规定的犯罪数额，即构成逃汇罪。

5. 掩饰隐瞒犯罪所得罪、洗钱罪

针对单位犯罪所得，犯罪所得收益（人民币或外币）兑换为数字货币后，将比特币等转移到境外后又兑换为法定货币（人民币或外币）的行为，如果行为人持有的境内资金属于犯罪所得及其产生的收益，其逃汇的行为，还可能涉嫌掩饰隐瞒犯罪所得罪。

上述犯罪所得及其产生的收益如果来源于走私犯罪、恐怖活动犯罪、金融诈骗犯罪、贪污贿赂犯罪、黑社会组织性质的犯罪、破坏金融监管秩序犯罪、毒品犯罪的，则其行为可能涉嫌洗钱罪。

6. 组织、领导传销活动罪

在区块链金融交易领域中，构成组织、领导传销活动罪的表现形式为：犯罪嫌疑人利用区块链金融交易的第三方互联网平台，销售区块链数字货币，利用自创或者其他数字货币的方式发展会员。随后自行控制或者伙同他人控制数字货币的升值、贬值幅度，以此来吸引下线，再根据会员发展下线的人数，进行计酬或返利，最后，骗取他人财物。

7. 破坏金融管理秩序罪

发行区块链金融交易的非法定数字货币实际上是开辟了一条金融监管之外的资金流动渠道，会对金融管理秩序造成破坏。

8. 逃税罪

当众多的交易直接通过代币来进行时，只要不转化成现实货币，就可以一直在代币圈里流转，相应的财务数据隐身无法核查，从而达到逃税的目的。

9. 非法侵入计算机信息系统罪等计算机相关的犯罪

以虚拟数字货币、虚拟数字货币交易平台、用户密钥为目标的黑客攻击、破解、病毒、非法入侵等计算机犯罪是可想而知的。对于不同的区块链云来说，基于对内的高度开放性和对外的高度封闭性，利益驱动之下，相应形式的计算机犯罪同样是可以预见的。对于区块链信息技术的非法入侵会被认定为非法侵入计算机信息系统罪。

10. 侵犯公民个人信息罪

对于虚拟数字货币交易平台非法出售、提供或非法获取公民在注册平台账户时提供的个人信息，情节严重的行为涉嫌侵犯公民个人信息罪。

11. 拒不履行信息网络安全管理义务罪

发行区块链金融交易的虚拟数字货币的主体或虚拟数字货币交易平台拒不履行法定的维护网络安全义务，经主管机关责令仍不采取措施，导致违法信息大量传播、用户信息泄露造成严重后果、刑事案件证据灭失等严重后果，则对犯本罪单位和直接负责的主管人员与其他直接责任人员均可追究刑事责任。

12. 非法利用信息网络罪

利用信息网络，为了实施诈骗、传授犯罪方法等违法犯罪活动而设立网站，为实施诈骗而发布有关信息的行为会触犯本罪。

13. 帮助信息网络犯罪活动罪

发行区块链金融交易的数字货币的主体或虚拟数字货币交易平台如果明知他人利用其信息网络实施犯罪，仍为其提供互联网接入、网络存储等技术支持，或者提供广告推广、支付结算等帮助，则构成本罪。单位和直接负责的主管人员以及其他直接责任人员均可构成本罪。

二、区块链行政规范及风险解读

从行政规范角度，区块链从业者会受到监管部门的规范。

国家互联网信息办公室审议通过的《区块链信息服务管理规定》已于 2019 年 2 月 15 日起实施，这一部门规章要求从事区块链信息服务，区块链信息服务提供者开发上线新产品、新应用、新功能的，应当按照有关规定报国家和省、自治区、直辖市互联网信息办公室进行安全评估。

区块链信息服务提供者违反法律和行政法规的规定的，会受到行政处罚。区块链信息服务提供者违反信息内容安全管理责任、技术条件、相关审核和备案要求的，由国家和省、自治区、直辖市互联网信息办公室依据职责给予警告，责令限期改正，改正前应当暂停相关业务；拒不改正或者情节严重的，并处 5 000 元以上 3 万元以下罚款。

区块链信息服务提供者应加强经营合规意识，如果区块链技术机构超越经营范围从事经营活动的，也有可能面临监管机关的处罚。按照《中华人民共和国企业法人登记管理条例施行细则》第 60 条第 4 款的规定，对超越经营范围从事经营活动的，需视其情节轻重，予以警告、没收非法所得、处以非法所得额 3 倍以下的罚款，但最高不超过 3 万元，没有非法所得的，处以 1 万元以下的罚款。同时违反国家其他有关规定，从事非法经营的，责令停业整顿、没收非法所得、处以非法所得额 3 倍以下的罚款，但最高不超过 3 万元；没有非法所得的，处以 1 万元以下的罚款；情节严重的，吊销营业执照。

三、区块链民事规范及风险解读

区块链从业者在日常的工作中，经常与合作公司签订技术合同，内容包括技术开发、转让、许可、咨询或者服务订立等。区块链从业者要注意关注合同中约定的双方义务，例如，在开发合同中违反约定造成研究开发工作停滞、延误或者失败的，会被追究违约责任。

如果所从事的技术开发导致他人权益因此而受损害的，可能还会面临侵权的法律责任。

作为技术行业的从业人员，区块链从业者还应当关注知识产权的归属问题。根据 2021 年 1 月 1 日生效的《中华人民共和国民法典》第 847 条、第 848 条的规定，职务技术成果是执行法人或者非法人组织的工作任务，或者主要利用法人或者非法人组织的物质技术条件所完成的技术成果。职务技术成果的使用权、转让权属于法人或者非法人组织。非职务技术成果的使用权、转让权属于完成技术成果的个人。第850条规定了非法垄断或者侵害他人技术成果的技术合同无效。技术开发合同中的专利权的归属问题，第859条有所规定。委托开发完成的发明创造，除法律另有规定或者当事人另有约定外，申请专利的权利属于研究开发人。研究开发人取得专利权的，委托人可以依法实施该专利。研究开发人员转让专利权的，委托人享有以同等权利优先受让的权利。

第四节　区块链重点规范性文件解读

考核知识点及能力要求：

• 了解各类规范文件对区块链从业者的要求和规范。

《关于防范比特币风险的通知》《关于防范代币发行融资风险的公告》《关于防范以"虚拟货币""区块链"名义进行非法集资的风险提示》等规范性文件虽然不是正式生效的法律法规，但是表现了国家及主管部门对于区块链的基本观点及立法趋势，作为区块链从业者，需了解和掌握上述规范性文件。

一、《关于防范比特币风险的通知》

《关于防范比特币风险的通知》由中国人民银行、工业和信息化部、中国银行业监督管理委员会、中国证券监督管理委员会、中国保险监督管理委员会于2013年12

月 5 日联合印发。该文件第 1 条即明确了比特币的法律属性，认为其不属于"货币"。相应地，第 2 条全面禁止境内为比特币交易提供各种服务，不得以其作为销售定价或进行汇兑，不得买卖，不得为其提供保险，不得提供登记、交易、清算、结算、储存、托管、抵押等服务。第 3 条规定了配套行政措施，对违法比特币互联网站予以关闭。第 4 条要求防范和报告利用比特币进行诈骗、赌博、洗钱等涉嫌犯罪活动。

二、《关于防范代币发行融资风险的公告》

该公告由中国人民银行、中央网信办、工业和信息化部、工商总局、银监会、证监会和保监会七部门于 2017 年 9 月 4 日联合发布。该公告否定了代币发行融资行为的合法性，指出比特币、以太币等代币发行融资，是一种未经批准非法公开融资的行为，涉嫌非法发售代币票券、非法发行证券以及非法集资、金融诈骗、传销等违法犯罪活动；公告责令停止各种代币发行融资活动，包括代币与法定货币之间的兑换。

三、《关于防范以"虚拟货币""区块链"名义进行非法集资的风险提示》

区块链不等于数字货币，但很多不法分子为达到非法获利的目的，在社会大众对区块链的认知还不是很成熟的情况下，打着"金融科技""金融创新""区块链"和"数字经济"等幌子，通过发行各类"虚拟货币""虚拟资产""数字资产"等方式从社会大众手上非法吸收资金，这并非真正的区块链，甚至也根本不是基于区块链技术，而是炒作区块链概念进行非法集资、传销、诈骗，实质是"借新还旧"的庞氏骗局。

为有效打击这种新型骗局，银保监会、中央网信办、公安部、人民银行、市场监管总局于 2018 年 8 月 24 日联合发布《关于防范以"虚拟货币""区块链"名义进行非法集资的风险提示》，可以看出，与之前的规范性文件不同的是，该文件的发布主体增加了公安部、市场监管总局。这说明，随着涉区块链金融项目涉嫌违法犯罪活动的增多，仅仅依靠行政机关的行政监管手段已不能有效遏制区块链领域的违法犯罪行为，还需要司法机关加大刑事犯罪的打击力度。所以，区块链从业者尤其是相关技术人员，必须时刻警惕被非法分子利用而成为犯罪帮凶，保持清醒头脑，长期关注和学习相关法律法规和规范性文件，以妥善规避法律风险。

第五节　区块链典型案例解读

考核知识点及能力要求：

• 通过案例解读，树立从业合规风险意识，明确从事区块链信息服务行为不规范而产生的法律责任。

【案例7-1】知识产权案例

××公司欲申请"X币"商标，指定使用在商标分类中的第36类，包括共有基金、资本投资、融资租赁、股票和债券经纪、不动产经纪、保险、募集慈善基金等服务项目上。商标评审委员在评审后驳回了××公司的商标注册申请，认为该商标中"X币"为一种国产的虚拟货币名称，若将其作为商标使用在资本投资、股票和债权经纪等服务上，难以起到区分服务来源的作用，缺乏商标应有的显著特征，属于《中华人民共和国商标法》第11条第1款第（3）项规定的不得作为商标注册的标志，故对该商标在第36类服务上的注册申请予以驳回。××公司不服，向某地知识产权法院提起诉讼。

本案焦点："X币"商标是否缺乏显著性。

《中华人民共和国商标法》第11条中提到不能作为商标注册的标志包括：①仅有本商品的通用名称、图形、型号的；②仅直接表示商品的质量、主要原料、功能、用途、重量、数量及其他特点的；③其他缺乏显著特征的。法院审理后认为，诉争商标缺乏显著性这一结论正确。因为，"X币"的核心词是"币"，使用在共有基金、资本投资、融资租赁、股票和债券经纪、不动产经纪、保险、募集慈善基金等服务项目上，相关公众通常会将其识别为金融服务，故诉争商标描述了上述服务的功能、用途和特点，难以起到区分服务来源的作用。因此，不难看出，区块链项目参与主体在设计商标时，应主动规避申请被驳回的风险，慎重选择核心词。

【案例7-2】刑事案例

王某于2020年4月入职甲公司担任区块链工程师。2020年5月，王某参与了甲公司与乙公司共同合作的开发项目，并掌握了该项目的私钥和支付密码。由于王某在试用期表现不佳，被公司评价为不合格，王某于2020年5月底辞职离开了甲公司。辞职后，王某心生不满，遂自行利用之前掌握的私钥和支付密码，登入虚拟交易平台盗取公司以太币10个，并存入该交易平台上自己的账户内。数日后，王某因涉嫌盗窃罪被抓获，并被检察院依法提起公诉。

本案焦点：公诉机关指控盗窃罪是否成立。

以太币在中国境内虽不能作为货币流通，但其作为一种虚拟财产，其所有者能够对持有的货币进行管理，是其所有者在现实生活中实际享有的财产权益，应当受刑法保护。从其获取来源看，以太币作为数字货币的一种，或通过付出劳动"挖矿"获取，或通过特定渠道支付对价获取，其既具有客观的交换价值，也具有主观的使用价值，具有财产犯罪对象的财物的特征。根据《中华人民共和国刑法》第264条，盗窃公私财物，数额较大的，或者多次盗窃、入户盗窃、携带凶器盗窃、扒窃的，处三年以下有期徒刑、拘役或者管制，并处或者单处罚金；数额巨大或者有其他严重情节的，处三年以上十年以下有期徒刑，并处罚金；数额特别巨大或者有其他特别严重情节的，处十年以上有期徒刑或者无期徒刑，并处罚金或者没收财产。本案中，王某以非法占有为目的，盗窃他人财物，其行为已构成盗窃罪，应依法追究其刑事责任。无论是从刑民相协调的角度，还是从保护公民财产权益不被侵犯的角度来看，侵犯所有者合法持有的数字货币的犯罪行为应作为财产犯罪予以惩治。

【案例7-3】行政案例

张某于2019年3月入职甲公司担任区块链工程师。2019年4月，张某参与了甲公司与乙公司共同合作的开发项目，目的在于开发区块链新产品与应用。张某未向公司提出要报国家和省、自治区、直辖市互联网信息办公室进行安全评估，公司也未提出要求。随后，该区块链新产品与应用上线运行，在1个月内发展了超过3万人的用户，在当地造成了较大影响。数日后，公司被当地互联网信息办公室依据职责给予警告，责令限期改正，改正前暂停相关业务，且被处以1万元的罚款。张某也被给予警告，并责令限期改正，处以5000元的罚款。

本案焦点：张某是否违反了国家关于区块链产品的安全评估和备案的规定。

国家互联网信息办公室审议通过的《区块链信息服务管理规定》已于2019年2月15日起实施，这一部门规章要求从事区块链信息服务，区块链信息服务提供者开发上线新产品、新应用、新功能的，应当按照有关规定报国家和省、自治区、直辖市互联网信息办公室进行安全评估。第11~14条规定了备案管理的细则。这包括，要求区块链信息服务提供者应当在提供服务之日起10个工作日内通过国家互联网信息办公室区块链信息服务备案管理系统填报备案信息；互联网信息办公室对备案信息审查职责等相关事宜。区块链信息服务提供者和公司违反信息内容安全管理责任、技术条件、相关审核和备案要求的，由国家和省、自治区、直辖市互联网信息办公室依据职责给予警告，责令限期改正，改正前应当暂停相关业务；拒不改正或者情节严重的，并处5000元以上3万元以下罚款。张某作为区块链技术从业人员没有向当地互联网信息办公室审核和备案的意识，且该平台在1个月内发展了3万人的用户，在当地影响重大，属于情节严重。区块链从业者在工作中要注意上线区块链产品时的审核和备案手续，并且应当注意提醒公司做好审核与备案程序。

【案例7-4】民事案例

张某委托李某进行个人数字货币理财，约定一年后李某将张某委托其进行理财的数字货币资产（20个比特币）及产生的收益转账至张某的电子钱包。一年后，李某未履行合同义务，张某向法院提起诉讼，要求李某归还上述数字货币资产，并赔偿违约金。

本案焦点：

（1）比特币是否具有财产属性，是否应受法律保护。

（2）李某是否应将数字货币返还张某，如不能返还，是否应赔偿损失，损失金额如何确定。

关于第一个争议焦点。在讨论是否构成侵权前，应对比特币的法律属性正确定性。《民法典》第 127 条规定，法律对数据、网络虚拟财产的保护有规定的，依照其规定。可见，《民法典》对数据和网络虚拟财产的保护持肯定态度。《关于防范比特币风险的通知》中提及，从性质上看，比特币应当是一种特定的虚拟商品。因此，数字资产属于财产范围，应该受到法律保护。

关于第二个争议焦点。根据《民法典》第 238 条规定，侵害物权，造成权利人损害的，权利人可以依法请求损害赔偿，也可以依法请求承担其他民事责任。侵占他人财产，若不能返还的，应当折价赔偿。李某明显违反诚实信用和公平公正原则，将承诺归还的数字资产占为己有，拒不归还，严重侵犯财产物权制度。李某应当向张某返还数字货币资产并赔偿违约金。

通常，确定损失金额应参考财产受损失时的市场价格，侵权人获得的收益等因素综合考量。但是，《关于防范代币发行融资风险的公告》以及中国人民银行、中央网信办、工业和信息化部、工商总局、银监会、证监会、保监会《关于防范代币发行融资风险的公告》实质上禁止了比特币的兑付、交易及流通等行为，各类主体均不得从事对数字货币的定价、中介及兑换服务。因此，任何网站所提供的交易价格数据均被认定为非法，不能直接或间接作为损失的认定标准，法院在审理时无法获取数字资产市场实时价格。最终，本案以张某和李某共同协商确定每个比特币的价格为标准核定赔偿数额。

目前，在民事维度下，数字货币符合虚拟资产的构成要件，虽不被认可为货币，但其作为受到法律保护的财产属性这一点已得到法院支持。但需要注意的是，在进行投资理财等商业行为时应注意审查交易相对方的主体资格，留存交易证据，提高风险防范意识。

作为一项新兴技术，区块链在我国的发展还处于早期，因而直接规范区块链的法律法规及规范性文件还不是很全面，但是分散于本章所提到的各类法律法规、规章、规范性文件、司法解释已经对与区块链相关的规范及可能的后果有了具体的规定。相信随着区块链技术的不断探索与应用，尤其是我国"十四五规划及 2035 远景目标"中对数字经济的大力发展，区块链的应用场景也会越来越多，而随之而来的风险因素相应也会越来越多，需要引起足够的重视。作为区块链从业人员，一定要有安全、合规及风险意识，在业务中严格依法依规执业。

就现行的法律规范和规定，对于区块链从业者而言，需要着重防范刑事风险，特别是区块链涉金融领域，因金融刑事犯罪与其他刑事犯罪从构成要件、主观恶意等方面都存在较大差异，区块链从业者在从事具体业务时，应当密切关注法规、规定及政策等的变动，防范刑事风险。同时各级行政主管部门也会针对区块链领域运行及执业规范不断出台具体规定或要求，不断引导区块链健康发展。

此外，区块链从业者需密切关注数据安全及隐私泄露风险，包括但不限于自身平台交易数据、第三方客户数据等。区块链技术依托互联网技术，因此针对互联网隐私保护、数据安全方面的法律法规也适用于区块链技术。

思考题

1. 我国目前针对区块链信息服务实施备案管理还是注册登记管理？请简述区块链信息服务安全责任的主要内容。

2. 请列举几个与区块链相关的法律法规或政策。

3. 区块链从业人员在签订技术合同时需要注意什么？

4. 区块链从业人员如果明知他人利用信息网络实施犯罪，仍为其提供互联网接入、网络存储等技术支持是否会涉嫌共同犯罪？

5. 结合本章内容谈谈在日常工作中，区块链从业者需要重点防范的法律风险。

参考文献

[1] 柴洪峰，马小峰，中国电子学会. 区块链导论 [M]. 北京：中国科学技术出版社，2020.

[2] 马小峰. 区块链技术原理与实践 [M]. 北京：机械工业出版社，2020.

[3] 道格拉斯·斯廷森. 密码学原理与实践 [M]. 3 版. 冯登国，等，译. 北京：电子工业出版社，2009.

[4] 克里斯托夫·帕尔. 深入浅出密码学 [M]. 马小婷，等，译. 北京：清华大学出版社，2012.

[5] 克雷格·鲍尔. 密码历史与传奇：真相比故事更精彩 [M]. 徐秋亮，蒋瀚，译. 北京：人民邮电出版社，2019.

[6] 菲利普·克莱因. 密码学基础教程 [M]. 徐秋亮，等，译. 北京：机械工业出版社，2016.

[7] 袁勇，王飞跃. 区块链理论与方法 [M]. 北京：清华大学出版社，2019.

[8] 安德烈亚斯·安东波罗斯. 精通区块链编程：加密货币原理、方法和应用开发 [M]. 郭理靖，等，译. 北京：机械工业出版社，2019.

[9] 阿尔文德·纳拉亚南，约什·贝努，爱德华·费尔顿. 区块链：技术驱动金融 [M]. 林华，等，译. 北京：中信出版社，2016.

[10] 罗伯特·范·莫肯. Oracle 区块链开发技术 [M]. 王静涛，译. 北京：清华大学出版社，2020.

［11］张文，赵子铭，杨天路，等. P2P 网络技术原理与 C++开发案例［M］. 北京：人民邮电出版社，2008.

［12］邹均，于斌，庄鹏，等. 区块链核心技术与应用［M］. 北京：机械工业出版社，2018.

［13］中华人民共和国刑法［M］. 北京：法律出版社，2021.

［14］中华人民共和国民法典［M］. 北京：中国法制出版社，2020.

［15］中华人民共和国网络安全法［M］. 北京：中国法制出版社，2018.

［16］中华人民共和国电子商务法［M］. 北京：法律出版社，2018.

［17］中华人民共和国电子签名法［M］. 北京：中国法制出版社，2019.

［18］邵奇峰，金澈清，张召，等. 区块链技术：架构及进展［J］. 计算机学报，2018，41（5）：969-988.

［19］范吉立，李晓华，聂铁铮，等. 区块链系统中智能合约技术综述［J］. 计算机科学，2019，46（11）：1-10.

［20］国家质量监督检测检疫总局，中国国家标准化管理委员会. 信息安全技术 术语. 标准：GB/T 25069—2010［S］.

［21］国家质量监督检测检疫总局，中国国家标准化管理委员会. 信息安全技术 信息系统安全等级保护基本要求. 标准：GB/T 22239—2008［S］.

［22］中国人民银行. 金融分布式账本技术 安全规范. 标准：JR/T 0184—2020［S］.

［23］中国人民银行. 区块链技术 金融应用评估规则. 标准：JR/T 0193—2020［S］.

［24］工业和信息化部. 区块链技术架构安全要求. 标准：YD/T 3747—2020［S］.

［25］上海市软件行业协会. 区块链技术安全通用规范. 标准：T/SSIA 0002—2018［S］.

［26］以太坊. 以太坊 stack 参考［EB/OL］. https：//ethereum. org/en/developers/docs/ethereum-stack/.

［27］Antonopoulos A M. Mastering Bitcoin：Unlocking Digital Cryptocurrencies［M］.

USA：O'Reilly Media Inc.，2014.

［28］Bina Ramamurthy. Blockchain in Action ［M］. Shelter Island：Manning Publications Co.，2020.

［29］Yos Riady. Best Practices for Smart Contract Development ［EB/OL］. https：// yos. io/2019/11/10/smart-contract-development-best-practices/.

［30］Ethereum peer-to-peer networking specifications ［EB/OL］. ［2021-04-14］. ht-tps：//github. com/ethereum/devp2p.

［31］NICK S. SmartContracts：Building Blocks for Digital Markets ［EB/OL］. http：// www. fon. hum. uva. nl/rob/Courses/InformationInSpech/CDROM/Literature/LOTwinter-schol 2006/szabo. best. vwh. net/smart_contracts_2. html.

［32］NICK S. Exploding Onto The Web ［EB/OL］. https：//archive. is/zWbhL#selec-tionG607. 411G607. 470.

［33］BROWNR G. A simple model for smart contracts ［EB/OL］. https：//gendal. me/ 2015/02/10/a-simple-model-for-smart-contracts/.

［34］Miguel Castro，Barbara Liskov. Practical Byzantine Fault Tolerance ［EB/OL］. https：//www. usenix. org/legacy/events/osdi99/full_papers/castro/castro_html/castca. html.

［35］TwoGenerals' Problem ［EB/OL］. https：//en. wikipedia. org/wiki/Two_Gener-als%27_Problem.

［36］Paxos ［EB/OL］［2014-04-04］. https：//en. wikipedia. org/wiki/Paxos_（com-puter_science）.

后记

　　2020 年 4 月，国家发展和改革委员会首次明确了新型基础设施的概念和范围。新型基础设施是以新发展理念为引领，以技术创新为驱动，以信息网络为基础，面向高质量发展需要，提供数字转型、智能升级、融合创新等服务的基础设施体系。其中区块链作为信息基础设施的代表，被明确纳入新型基础设施范畴。区块链技术可以赋能信用、价值流通、风控、监管和信息安全等现有业务。区块链工程技术人员从事的工作，表现在促进数据共享、优化业务流程、降低运营成本、提升协同效率、建设可信体系等方面。随着区块链相关项目逐步落地和推广，我国对于区块链研究型人才、底层开发人才、应用复合型人才的需求日益上涨。

　　以《人力资源社会保障部办公厅　市场监管总局办公厅　统计局办公室关于发布区块链工程技术人员等职业信息的通知》（人社厅发〔2020〕73 号）和《区块链工程技术人员国家职业技术技能标准（2021 年版）》（以下简称《标准》）为依据，人力资源社会保障部专业技术人员管理司指导中国电子学会，组织有关专家开展了区块链工程技术人员培训教程（以下简称教程）的编写工作，用于全国专业技术人员新职业培训。本教程充分考虑科技进步、社会经济发展和产业结构变化对区块链工程技术人员的专业要求，以客观反映区块链技术发展水平及其对从业人员的专业能力要求为目标，依托《标准》对区块链工程技术人员职业功能、工作内容、专业能力要求和相关知识要求的描述展开编写。

　　区块链工程技术人员是从事区块链架构设计、底层技术、系统应用、系统测试、系统部署、运行维护的工程技术人员。其共分为三个专业技术等级，分别为初级、中级、高级。与此相对应，《区块链工程技术能力实践》分为初级、中级、高级三本培训教程，分别对应区块链工程技术人员不同专业技术等级能力考核要求。此外《区块链技术基础知识》对应《标准》中区块链基础知识和相关法律法规知识。

在区块链工程技术人员培训中，《区块链技术基础知识》要求初级、中级、高级工程技术人员均需要掌握。《区块链工程技术能力实践》（初级）紧密联系理论和实践，包括理论知识和能力实践两个部分。理论知识部分介绍了完成工作任务需要的方法论和技术知识，包含工作步骤、实践案例和行业通用经验。能力实践部分描述了初级区块链工程技术人员应该完成的实践任务，从而帮助读者掌握基础理论知识和技术知识并实践工程方法论。编者希望广大读者通过此教程的学习，具备解决问题的能力，可以应用理论、技术和工具来完成工作任务。

在使用本系列教程开展培训时，应当结合培训目标与受众人员的实际水平和专业方向，选用合适的教程。本教程受众为大学专科学历（或高等职业学校毕业）以上，具有一定的学习、分析、推理和判断能力，具有一定的表达能力、计算能力，参加新职业培训的人员。

区块链工程技术人员需按照《标准》的职业要求参加有关课程培训，完成规定学时，取得学时证明。初级 80 标准学时，中级 64 标准学时，高级 64 标准学时。在培训考核合格后，学员将获得相应证书。

本教程编写过程中，得到了人力资源社会保障部、工业和信息化部相关部门的正确领导，得到了中国电子学会、高校、科研院所、企业的专家学者的大力帮助和指导，同时参考了多方面的文献，吸取了许多专家学者的研究成果。整个写作团队克服疫情带来的困难，团结协作，体现了良好的奉献精神和工作热情。本书写作过程中得到了王慧君、季婧、陈璐珺、卫佳、王梦楠、施智罡、邵兴辉、吴奥然、王鹏理、章钊婧、张竹一、丁闻、王越等的大力支持和协助，在此表示由衷感谢。

由于编者水平、经验与时间所限，本书的不足与疏漏之处在所难免，恳请广大读者批评与指正。

本书编委会